はじめての RStudio
―エラーメッセージなんかこわくない―

浅野 正彦・中村 公亮／共著

Ohmsha

本書に掲載されている会社名・製品名は，一般に各社の登録商標または商標です．

本書を発行するにあたって，内容に誤りのないようできる限りの注意を払いましたが，本書の内容を適用した結果生じたこと，また，適用できなかった結果について，著者，出版社とも一切の責任を負いませんのでご了承ください．

本書は，「著作権法」によって，著作権等の権利が保護されている著作物です．本書の複製権・翻訳権・上映権・譲渡権・公衆送信権（送信可能化権を含む）は著作権者が保有しています．本書の全部または一部につき，無断で転載，複写複製，電子的装置への入力等をされると，著作権等の権利侵害となる場合があります．また，代行業者等の第三者によるスキャンやデジタル化は，たとえ個人や家庭内での利用であっても著作権法上認められておりませんので，ご注意ください．
本書の無断複写は，著作権法上の制限事項を除き，禁じられています．本書の複写複製を希望される場合は，そのつど事前に下記へ連絡して許諾を得てください．

出版者著作権管理機構
（電話 03-5244-5088, FAX 03-5244-5089, e-mail: info@jcopy.or.jp）

JCOPY ＜出版者著作権管理機構 委託出版物＞

はじめに

　データサイエンスの分野で AI やビッグデータなどが注目されるなか、R や RStudio を使ったデータの解析書が数多く出版されています[1]。また、RStudio 上でデータ解析を実行する有益なツールとして R マークダウンの活用方法に関する解説書が次々と出版されています。しかし、残念ながら**「自分のパソコン上で RStudio を実際に使えるようになること」**はそれほど簡単なことではありません。

　本書は RStudio 上で R マークダウンを使えるようになるまでの手引き書です。著者は複数の大学（大学院と学部）で計量分析に関する授業を担当しています。計量分析をするために、履修者はまず各自のノートパソコンに R と RStudio をインストールし、R マークダウンが使えるように準備する必要があります。ところが、この準備段階に意外な落とし穴があることに気づきます。それは、実に多様でやっかいな「エラー」です。RStudio の設定プロセスでエラーが起きると、それ以上、先には進めず、お手上げ状態になってしまいます。大学院生の Teaching Assistant の助けを借りつつ、履修者が直面している多種多様なエラーを解決して全員が R マークダウンを使えるようになるまでに 90 分授業を 2 回分、ときには 3 回分も費やすことになります。

　Twitter では、実際に R や RStudio を使って計量分析を教え始めた大学の先生が、設定時に直面するエラーのために多くの時間と労力が要求されるとつぶやいています。「スムーズに RStudio 上で R マークダウンを設定すること」は、R や RStudio を使って計量分析し始める人にとって、最優先で解決すべき課題だと思われます。これが本書を執筆した動機です。

　たとえば、2018 年に共立出版から出版された『再現可能性のすゝめ — RStudio によるデータ解析とレポート作成』という本では RStudio や R マークダウンの有益な使い方を解説しています。しかし、問題はデータ解析を始めるスタート地点まで、なかなかたどり着けないということです。この点は意外と見

---

[1] R はコマンドを入力して実行するフリーの統計ソフトウェアです。R をより機能的・効果的に作動させるためにさまざまな統合開発環境（IDE：Integrated Development Environment）が日々開発されていますが、RStudio はその中でも最も人気のあるオープンソース・ソフトウェアであり、GitHub 上で日々絶え間なく開発され続けています。R マークダウンは RStudio を使って得られた分析結果を出力するツールです。目的に応じて HTML や PDF、Word 形式にも出力できます。

落とされており、RStudio 関連の解説書は「ユーザーは簡単にスタート地点にたどりつける」と過大評価しているように思われます。これはおそらく、既存の R や RStudio に関する本が対象としているのは、ある程度コンピューター・リテラシーが備わった理系の（あるいはそれに準じた）読者であることに由来しているからでしょう。特に、大学入試で数学を受験していない政治経済学部、経済学部、商学部、経営学部、文学部、法学部、そして社会学部など、いわゆる「文系」学部の学生が R や RStudio に「出会って」から実際に「使い始める」ようになるためには、さらに親切な手引き書が必要です。また、近年のスマホの普及により、フリック入力などに慣れている学生にとって、意外にもパソコンを使用するということはそれほど身近なことではなく、キーボードの操作はおろか、パソコンの基礎的な操作から教える必要のある学生も少なからず存在しているのが大学教育の現状です。

　本書の目的は、RStudio の設定に費やす時間を最小限に抑え、いわゆる「文系」の学生が快適に R マークダウンを使い始めるまでの最短の方法を提供することです。本書の最大の「売り」は、実用性です。「必要は発明の母」といわれますが、まさに本書は RStudio を教える現場の必要性から生まれたものです。著者の浅野と中村は、早稲田大学、横浜市立大学、拓殖大学などで実証分析に関する授業やゼミナールを担当しており、そこで履修者が実際に直面した具体的なエラーをひとつひとつ解決してきました（実際には現在進行形で、解決しようと奮闘し続けています[2]）。本書は、これらの授業で蓄積された多種多様なエラーを踏まえ、コンピューター設定において文系の学生が犯しがちな「ありがちな間違い」を示しながら、具体的な対処法を紹介することで「確実に R マークダウンを使える状態まで導く」方法を提供します。

2018 年 10 月

浅野正彦・中村公亮

---

[2] 著者（浅野）が担当している授業は次のとおりです。「計量政治学 01, 02, 03」（早稲田大学政治経済学部）、「政治分析 A」（早稲田大学社会科学部）、「社会調査法」、「Methods of Social Survey」（早稲田大学大学院アジア太平洋研究科）、「実証政治学ゼミ」（拓殖大学政経学部）。また、著者（中村）が TA として、「演習 II」（横浜市立大学国際総合科学部）を担当しています。

目次

はじめに iii

第 I 部　R マークダウンのセットアップ　　1

第 1 章　R と RStudio のインストール　　3

- 1.1　R：Windows 10 4
- 1.2　R：Mac OS 12
- 1.3　RStudio：Windows 10 20
- 1.4　RStudio：Mac OS 26

第 2 章　R マークダウンのセットアップ　　29

- 2.1　R マークダウン：Windows 10 31
  - 2.1.1　プロジェクトの作成 31
  - 2.1.2　R マークダウンのインストール 37
  - 2.1.3　エラーとその対処法 38
    - ここで起こり得るエラー（1）.......................................38

ここで起こり得るエラー（2）..45
             New R Markdown を使う..47
   2.2 R マークダウン：Mac OS 50
       2.2.1 プロジェクトの作成 50
       2.2.2 R マークダウンのインストール......................................55
   2.3 チャンクの使い方...58
   2.4 ショートカットの使い方...60
       2.4.1 Insert のショートカット設定...60
       2.4.2 Knit のショートカット設定...62
   2.5 保存および出力方法...65
   2.6 R プロジェクトの保存と終了方法.....................................68

第3章　R packages のセットアップ　　　　　　　　69

   3.1 インストール時の方法およびエラーとその対処法....71
       3.1.1 パッケージのインストール...71
       3.1.2 インストールが失敗した場合の画面..................................73
       3.1.3 想定されるエラーの原因とその解決策 73
   3.2 ロード時の方法およびエラーとその対処法...............74
       3.2.1 パッケージのロード 74
       3.2.2 ここで起こり得るエラー（1）...76

3.2.3 想定されるエラーの原因とその解決策 77

3.2.4 ここで起こり得るエラー（2）............................. 78

第II部　Rマークダウンを使った分析とアウトプット　　81

第4章　Rマークダウンを使った実際の分析事例　83

4.1 データ（CSVファイル）の読み込み 84

4.1.1 CSVファイルを取り込むためのプロセス 85

4.1.2 CSVファイルのダウンロードと保存方法：Windows 10 88

4.1.3 CSVファイルのダウンロードと保存方法：Mac OS 91

4.1.4 CSVファイルの読み取り 93

4.2 記述統計 98

4.2.1 stargazerパッケージのインストール方法 99

4.2.2 想定されるエラーの原因とその解決策 101

4.2.3 stargazerパッケージのロード 102

- **4.3 データの可視化（Data Visualization）** ... 105
  - **4.3.1** Data Visualization（1）：ヒストグラム ... 105
  - **4.3.2** Data Visualization（2）：幹葉図 ... 108
  - **4.3.3** Data Visualization（3）：箱ひげ図 ... 110
  - **4.3.4** Data Visualization（4）：散布図 ... 113
  - **4.3.5** Data Visualization（5）：折れ線グラフ（1） ... 120
    - 平均寿命の時系列データ（日本人） ... 125
    - 平均寿命の時系列データ（日本人と中国人） ... 127
  - **4.3.6** Data Visualization（6）：折れ線グラフ（2） ... 130
    - 衆議院議員の得票率の折れ線グラフ ... 131
    - 選挙別の政党データを分析する ... 138
- **4.4 回帰分析とその結果の解釈** ... 147
- **4.5 モンティ・ホールのシミュレーション** ... 151
- **4.6 Birthday Paradox** ... 158

第5章 Rマークダウンを使ったレポート・論文作成 163

- **5.1 章の割り付け** ... 165
- **5.2 脚注の挿入方法とボールドの指定方法** ... 169
- **5.3 画像の挿入** ... 171
- **5.4 文字のイタリック指定** ... 173

補論　CSVファイルへの変換方法　　　175

▶ .xlsx ファイルと .csv ファイルの違い 176

▶ .xlsx ファイルから .csv ファイルへの変換：
　 Windows 10 177

▶ .xlsx ファイルから .csv ファイルへの変換：
　 Mac OS 180

あとがき 184
索引 186

本書で使用したサンプルファイルは、オーム社Webサイト（https://www.ohmsha.co.jp/）の該当書籍詳細ページに記載しています。書籍を検索いただき、ダウンロードタブをご確認ください。

注）・本ファイルは、本書をお買い求めになった方のみご利用いただけます。また、本ファイルの著作権は、本書の著作者である、浅野正彦氏および中村公亮氏に帰属します。
　　・本ファイルを利用したことによる直接あるいは間接的な損害に関して、著作者およびオーム社はいっさいの責任を負いかねます。利用は利用者個人の責任において行ってください。

第Ⅰ部

Rマークダウンの
セットアップ

第1章

RとRStudioの
インストール

1.1　R：Windows 10
1.2　R：Mac OS
1.3　RStudio：Windows 10
1.4　RStudio：Mac OS

本書の目的は、RStudio の設定に費やす時間を最小限に抑え、いわゆる文系の学生が快適に R マークダウンを使い始めることができる方法を提供することです。授業で「自分のノートパソコンに R と RStudio をインストールしてきてください」と学生に伝えると、意外なことに、翌週の授業で「インストールの方法がわからなかった」という学生が必ず数名存在します。そこで第 1 章では、R マークダウンの使い方を説明する前に、R および RStudio を自分のノートパソコンにインストールする方法を一歩ずつしっかりと説明します。読者の大半は、Windows ユーザーと Mac ユーザーであると想定されるので、本章では Windows 10 と Mac OS 向けのインストール方法をそれぞれ紹介しています。Mac ユーザーは Windows の説明を、Windows ユーザーは Mac の説明を読み飛ばしてかまいません。

1.1　R：Windows 10

R for Windows のインストール方法は次のとおりです。

インストール手順

(1) Google Chrome などの Web ブラウザ上で CRAN（The Comprehensive R Archive Network）[1] のミラーサイト [2] である `https://cran.ism.ac.jp/` にアクセスし、「Download R for Windows」をクリックします。

---

[1] R 本体や各種パッケージをダウンロードするための Web サイトです。
[2] 同じコンテンツをコピーして提供するためのサイトのことです。ミラーサイトを経由してダウンロードを行ったほうが、利用者は早くインストールを行うことができ、提供者はサーバーの負荷が軽くなることが期待できるので、ミラーサイトを経由して R をインストールすることをここでは推奨しています。日本では、統計数理研究所が提供しているミラーサイトが有名です。

1.1 R：Windows 10

図 1.1　The Comprehensive R Archive Network

(2) 次のような画面が表示されたら、「base」をクリックします。

図 1.2　R for Windows

(3) 「Download R 3.5.0 for Windows」をクリックします[3]。

図 1.3　R 3.5.0 for Windows (32/64 bit)

---

[3] パソコンの機種によっては「保存または実行しますか」と表示される場合があります。その際は「実行」を選択し、R をインストールします。このときに「次のプログラムにこのコンピューターへの変更を許可しますか？」と表示されたら、「はい (Y)」を選びます。「Download R」の後ろに表示されている「3.5.0」という数字は、R のバージョンを表しています。なお、執筆時点（2018 年 7 月 23 日）では、R の最新バージョンは 3.5.0 です。随時、バージョンが新しくなるので、最新バージョンをインストールするとよいでしょう。余談ですが、バージョンによっては R のパッケージ（第 3 章を参照）がうまく機能しないものもあります。R 自体のバージョンアップを適宜行うか、別のパッケージの利用を検討するのがよいでしょう。

5

(4) ダウンロードされたインストーラーがWebブラウザ画面下方に表示されたら、インストーラーのアイコンをクリックします。

図1.4　インストーラーのアイコン（R-3.5.0-win.exe）

(5)「このアプリがデバイスに変更を与えることを許可しますか？」と表示されたら、「はい」をクリックします。

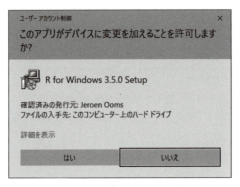

図1.5　ユーザーアカウント制御

(6)「セットアップに使用する言語の選択」が表示されたら「日本語」を選択し、「OK」をクリックします。

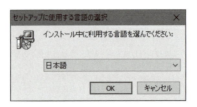

図1.6　セットアップに使用する言語の選択

(7)「情報」が表示されたら、「次へ」をクリックします。

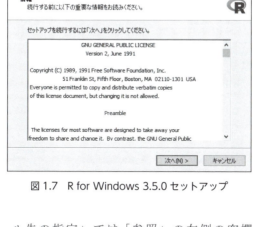

図 1.7　R for Windows 3.5.0 セットアップ

(8)「インストール先の指定」では「参照」の左側の空欄に「C:¥Program Files¥R¥R-3.5.0」のように入力されていることを確認して「次へ (N)」をクリックします。

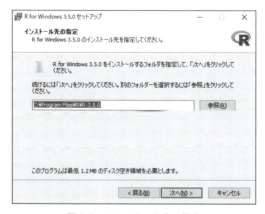

図 1.8　インストール先の指定

(9)「コンポーネントの選択」では、デフォルトですべての項目にチェックを入れ、画面右下の「次へ（N)」をクリックします[4]。

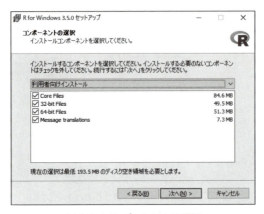

図 1.9　コンポーネントの選択

(10)「起動時オプション」では「いいえ（デフォルトのまま）」を選択し、画面右下の「次へ（N)」をクリックします。

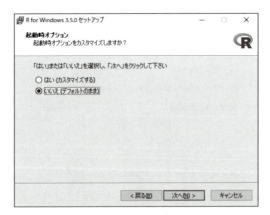

図 1.10　起動時オプション

---

[4] ここでは 32bit Files と 64bit Files の 2 つのコンポーネントを指定します。最新の Windows 10 搭載パソコンは 64bit であることが多いですが、必要に応じて 32bit Files を使います。

(11)「プログラムグループの指定」では次の画面のように指定し、画面右下の「次へ (N)」をクリックします。

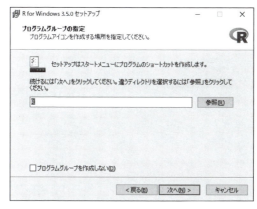

図 1.11　プログラムグループの指定

(12)「追加タスクの選択」では次の画面のように3か所にチェックを入れ、画面右下の「次へ (N)」をクリックします。

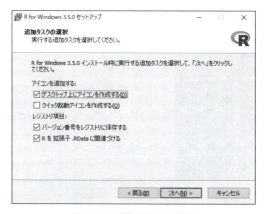

図 1.12　追加タスクの選択

(13) 次のような画面が表示され、自動的にインストールが始まります。緑色のゲージが左から右に行き着いたらインストールは完了です。

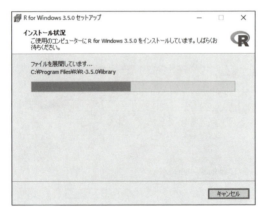

図 1.13　インストール状況

(14) インストールが完了すると次の画面が表示されます。「完了（F）」をクリックし、インストールを終了します。

図 1.14　R for Windows 3.5.0 セットアップウィザードの完了

1.1 R：Windows 10

(15) インストールが完了したかを確認します。デスクトップに次のようなアイコンが2つ表示されていたら、Rのインストールは完了です。通常、**Rを使う際には 64bit 版の R x64 3.5.0 のアイコンをダブルクリックします**[5]。

図 1.15　R のアイコン

---

[5] 今回は 32bit 版、64bit 版の両方をインストールしたため、アイコンが 2 つ表示されていますが、前述のプロセス (9) での選択に応じて 1 つの場合もあります。なお、上の「R i386 3.5.0」が 32bit 版の R、下の「R x64 3.5.0」が 64bit 版の R のアイコンです。

1.2 R：Mac OS

R for Mac のインストール方法は次のとおりです。

インストール手順

(1) Google Chrome などの Web ブラウザ上で CRAN（The Comprehensive R Archive Network）[6] のミラーサイト[7] である https://cran.ism.ac.jp/ にアクセスし、「Download R for (Mac) OS X」をクリックします。

(2) 次のような画面が表示されます。

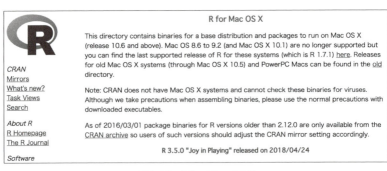

図 1.16　R for Mac OS X

Mac の場合、使用している OS によってインストーラーが異なります。使用している Mac OS のバージョンを確認して、次の 3 つのパッケージのい

---

[6] R 本体や各種パッケージをダウンロードするための Web サイトです。

[7] 同じコンテンツをコピーして提供するためのサイトのことです。ミラーサイトを経由してダウンロードを行ったほうが、利用者は早くインストールを行うことができ、提供者はサーバーの負荷が軽くなることが期待できるので、ミラーサイトを経由して R をインストールすることをここでは推奨しています。日本では、統計数理研究所が提供しているミラーサイトが有名です。

ずれかを選択します。

1) Mac OS X 10.11（El Capitan）以降の場合

Lastest release:	
R-3.5.0.pkg MD5-hash: 414029c9c9f706d3d04baa887ccffbc4 SHA1-hash: 6e90d38892bb366630ae30c223a898e8af84dff7 (ca. 74MB)	**R 3.5.0** binary for OS X 10.11 (El Capitan) and higher, signed package. Contains R 3.5.0 framework, R.app GUI 1.70 in 64-bit for Intel Macs, Tcl/Tk 8.6.6 X11 libraries and Texinfo 5.2. The latter two components are optional and can be ommitted when choosing "custom install", they are only needed if you want to use the tcltk R package or build package documentation from sources.

図 1.17　Mac OS X 10.11（El Capitan）以降の場合

2) Mac OS X 10.9（Mavericks）以降の場合

R-3.3.3.pkg MD5-hash: 893ba010f303e666e19f86e4800f1fbf SHA1-hash: 5ae71b000b15805f95f38c08c45972d51ce3d027 (ca. 71MB)	**R 3.3.3** binary for Mac OS X 10.9 (Mavericks) and higher, signed package. Contains R 3.3.3 framework, R.app GUI 1.69 in 64-bit for Intel Macs, Tcl/Tk 8.6.0 X11 libraries and Texinfo 5.2. The latter two components are optional and can be ommitted when choosing "custom install", it is only needed if you want to use the tcltk R package or build package documentation from sources.

図 1.18　Mac OS X 10.9（Mavericks）以降の場合

第 1 章　R と RStudio のインストール

3) Mac OS X 10.6（Snow Leopard）〜 10.8（Mountain Lion）の場合

> R-3.2.1-snowleopard.pkg
> MD5-hash: 58fe9d01314d9cb75ff80ccfb914fd65
> SHA1-
> hash: be6e91db12bac22a324f0cb51c7efa9063ece0d0
> (ca. 68MB)
>
> **R 3.2.1** legacy binary for Mac OS X 10.6 (Snow Leopard) - 10.8 (Mountain Lion), signed package. Contains R 3.2.1 framework, R.app GUI 1.66 in 64-bit for Intel Macs.
> This package contains the R framework, 64-bit GUI (R.app), Tcl/Tk 8.6.0 X11 libraries and Texinfop 5.2. GNU Fortran is **NOT** included (needed if you want to compile packages from sources that contain FORTRAN code) please see the tools directory.
> NOTE: the binary support for OS X before Mavericks is being phased out, we do not expect further releases!

図 1.19　Mac OS X 10.6（Snow Leopard）〜 10.8（Mountain Lion）の場合

(3) 上記「R-3.5.0.pkg」「R-3.3.3.pkg」「R-3.2.1-snowleopard.pkg」のいずれかをクリックするとダウンロードが始まり、数分後にダウンロードされたインストーラーが Web ブラウザ画面下方に表示されます（ここでは「R-3.5.0.pkg」をクリックすると想定しています）。

図 1.20　インストーラー（R-3.5.0.pkg）

1.2 R：Mac OS

(4)「R-3.5.0.pkg」をダブルクリックするとインストーラーが起動するので、画面右下の「続ける」をクリックします。

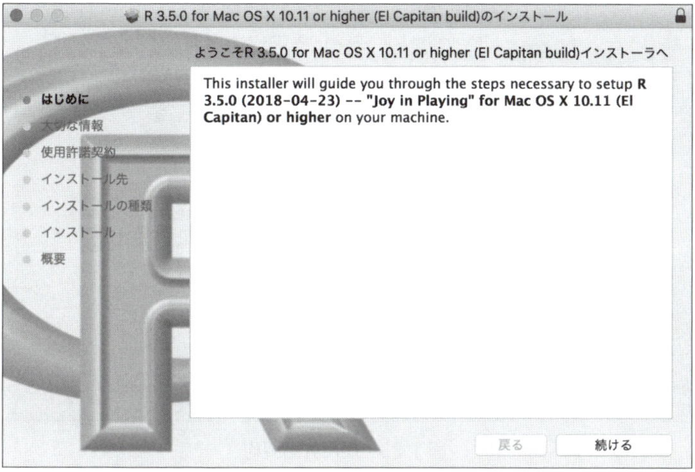

図 1.21　R 3.5.0 for Mac OS X 10.11 or higher (El Capitan build) のインストール

(5)「大切な情報」では、画面右下の「続ける」をクリックします。

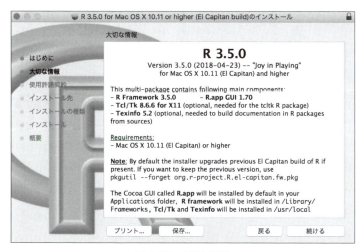

図 1.22　大切な情報

(6)「使用許諾契約」では、画面右下の「続ける」をクリックします。

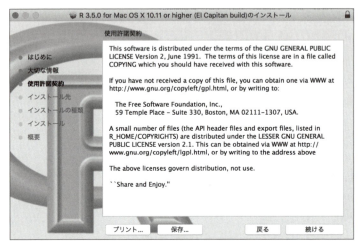

図 1.23　使用許諾契約

(7) 次の画面が表示されたら、画面右下の「同意する」をクリックします。

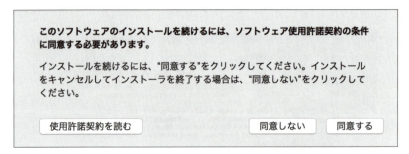

図 1.24　ソフトウェア使用許諾契約の条件に同意する

(8)「インストール先の選択」では、「このコンピュータのすべてのユーザ用にインストール」をクリックし、画面右下の「続ける」をクリックします。

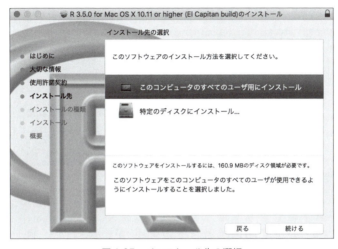

図 1.25　インストール先の選択

(9)「インストールの種類」では、画面右下の「インストール」をクリックします。

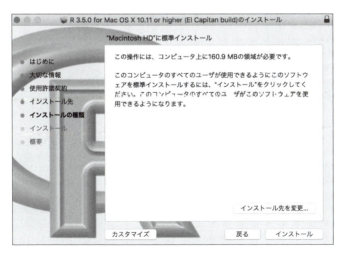

図 1.26　"Macintosh HD" に標準インストール

(10) 次の画面が表示されたら、システムにログインする際に設定したパスワードを入力し、画面右下の「ソフトウェアをインストール」をクリックします。「ユーザ名」には、ログインユーザー名が自動的に入力されているはずです。

図 1.27　ユーザ名とパスワードの入力

(11)「インストールが完了しました。」という画面が表示されたら、画面右下の「閉じる」をクリックします。

図 1.28　インストールの完了

(12) 次の画面が表示されたら、画面右下の「ゴミ箱に入れる」をクリックします。

図 1.29　インストーラの削除

(13) Finder で「アプリケーション」を開いて R のアイコンがあれば、R のインストールは完了です。

図 1.30　アプリケーション

1.3 RStudio：Windows 10

RStudio for Windows のインストール方法は次のとおりです。

インストール手順

(1) Web ブラウザ上で「RStudio」と検索し、`https://www.rstudio.com/` にアクセスします。たとえば、Google Chrome の場合には次のような画面が表示されるので、左端の「RStudio」アイコンの下にある「Download」をクリックします。

図 1.31　RStudio ホームページ

(2)「Download」をクリックすると次の画面が表示されます。画面が表示されたら、画面左下端にある「FREE」(無料版) の下にある楕円形の「DOWNLOAD」をクリックします。

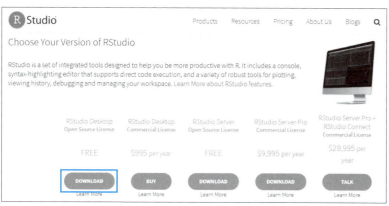

図 1.32　Choose Your Version of RStudio

(3) 表示された画面から「Installers for Supported Platforms」というタイトルを探し、「Installers」の下にある「RStudio1.1.456 - Windows Vista/7/8/10」をクリックします。

Installers for Supported Platforms

Installers	Size	Date	MD5
RStudio 1.1.456 - Windows Vista/7/8/10	85.8 MB	2018-07-19	24ca3fe0dad8187aabd4bfbb9dc2b5ad
RStudio 1.1.456 - Mac OS X 10.6+ (64-bit)	74.5 MB	2018-07-19	4fc4f4f70845b142bf96dc1a5b1dc556

図 1.33　Installers for Supported Platforms

(4) ダウンロードされたインストーラーが Web ブラウザ画面下方に表示されたら、インストーラーのアイコンをクリックします[8]。

図 1.34　インストーラーのアイコン（RStudio-1.1.456.exe）

(5) 次のような画面が表示されたら、「次へ（N）」をクリックします。

図 1.35　RStudio セットアップウィザード

---

[8] パソコンの機種によっては「保存または実行しますか」と表示される場合があります。その際は「実行」を選択して RStudio をインストールします。このときに「次のプログラムにこのコンピューターへの変更を許可しますか？」と表示されたら、「はい（Y）」を選びます。「RStudio」の後ろに表示されている「1.1.456」という数字は、RStudio のバージョンを表しています。なお、執筆時点では、RStudio の最新バージョンは 1.1.456 です。随時、バージョンが新しくなるので、最新バージョンをインストールするとよいでしょう。

1.3 RStudio：Windows 10

(6)「インストール先を選んでください。」では「参照 (R)」をクリックして「インストール先フォルダ」を次のように設定し、画面右下の「次へ(N)」をクリックします。

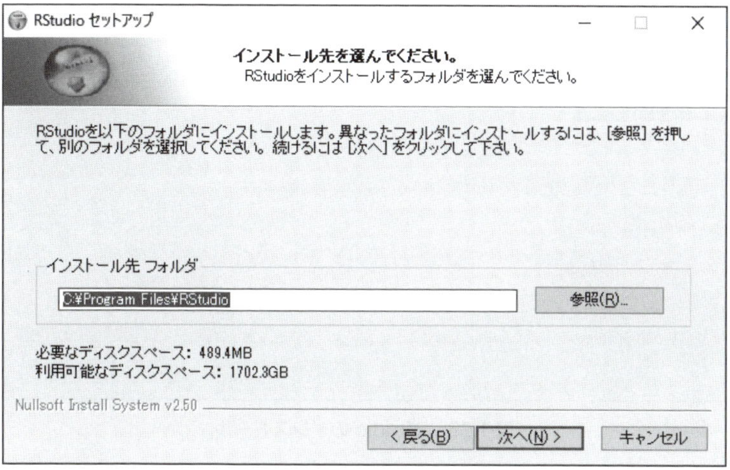

図 1.36 インストール先の選択

(7) 次のような画面が表示されたら、「インストール」をクリックします。

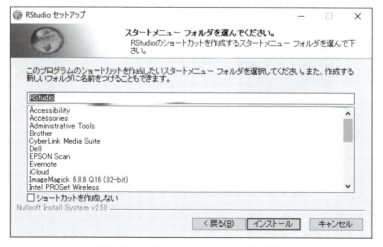

図 1.37 スタートメニューフォルダの選択

(8) 次のような画面が表示され、インストールが始まります。

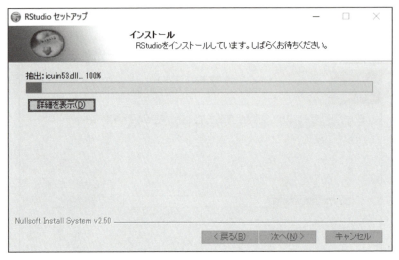

図 1.38　RStudio のインストール

(9) インストールが完了すると次の画面が表示されます。「完了（F）」をクリックし、インストールを終了します。

図 1.39　RStudio セットアップウィザードの完了

(10) Windowsの画面左下の検索欄に「RStudio」と入力して検索すると「最も一致する検索結果」としてRStudioが表示されます。このアイコンを選ぶことでRStudioを起動することができます[9]。

図 1.40　最も一致する検索結果

---

[9] 検索欄はWindows 10のロゴ（画面左下）を右クリックすると下から4つ目に「検索（S）」と表示されています。

1.4 RStudio：Mac OS

RStudio for Mac のインストール方法は次のとおりです。

インストール手順

(1) Web ブラウザ上で「RStudio」と検索し、https://www.rstudio.com/ にアクセスします。たとえば、Google Chrome の場合には次のような画面が表示されるので、左端の「RStudio」アイコンの下にある「Download」をクリックします。

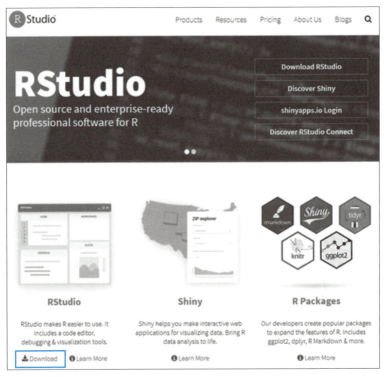

図 1.41　RStudio のホームページ

(2) 「Download」をクリックすると次の画面が表示されます。画面が表示されたら、画面左下端にある「FREE」（無料版）の下にある楕円形の「DOWNLOAD」をクリックします。

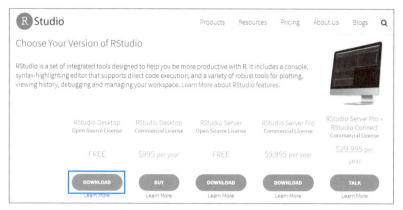

図 1.42　Choose Your Version of RStudio

(3) 表示画面から「Installers for Supported Platforms」というタイトルを探し、「Installers」の下にある「RStudio1.1.456 - Mac OS X 10.6+(64-bit)」をクリックします[10]。

Installers for Supported Platforms

Installers	Size	Date	MD5
RStudio 1.1.456 - Windows Vista/7/8/10	85.8 MB	2018-07-19	24ca3fe0dad8187aabd4bfbb9dc2b5ad
RStudio 1.1.456 - Mac OS X 10.6+ (64-bit)	74.5 MB	2018-07-19	4fc4f4f70845b142bf96dc1a5b1dc556

図 1.43　Installers for Supported Platforms

[10]「RStudio」の後ろに表示されている「1.1.456」という数字は、RStudio のバージョンを表しています。なお、執筆時点では、RStudio の最新バージョンは 1.1.456 です。随時、バージョンが新しくなるので、最新バージョンをインストールするとよいでしょう。

(4) ダウンロードされたインストーラーが Web ブラウザの下のほうに表示されるので、ダブルクリックします。

図 1.44　インストーラー（RStudio-1.1.456.dmg）

(5) インストールが完了すると、次の画面が表示されます。

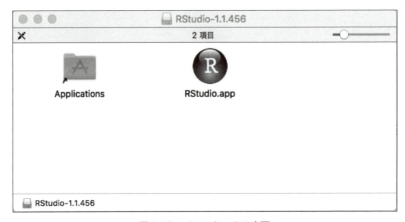

図 1.45　インストールの完了

(6) 右側にある RStudio のアイコンをクリックし、そのままドラッグ、左側の「Applications」フォルダにドロップします。

(7) RStudio を起動するときは、「Applications」フォルダにある「RStudio」のアイコンをダブルクリックします。

第2章

Rマークダウンのセットアップ

2.1 Rマークダウン：Windows 10
2.2 Rマークダウン：Mac OS
2.3 チャンクの使い方
2.4 ショートカットの使い方
2.5 保存および出力方法
2.6 Rプロジェクトの保存と終了方法

本章では、前章でインストールした RStudio を使って、R マークダウンの設定とその使い方を解説します。

RStudio を使った R マークダウンの使い方に関してはすでにいくつもの解説書が出版されており、インターネット上でも多くの有益なサイトが紹介されています。このように、R マークダウンを使った、いわゆる「再現可能性」に近年注目が集まっているのには理由があります。

第一に、分析で使ったデータを提出することが、政治学を中心とした欧米の社会科学ジャーナルで求められ始めたことが影響しているからだと思われます。研究者が生み出した「研究成果」はプライベートなものではなく、ある種の公共財であるため、研究成果の客観性を担保する必要があります。そのためには、成果を生み出した当該研究者だけではなく、同じデータと方法を使えば誰もが同じ結果に至るという「再現可能性」が求められるようになりました。たとえば、ハーバード大学の The Dataverse Project（https://dataverse.harvard.edu/）には、世界中の学者が自らの研究の再現用ファイルを整えてアップロードしており、ここから論文とデータと解説をダウンロードすれば、誰でもその研究成果を生み出した研究者と同様の結果を再現することができるような仕組みが構築されつつあります[1]。

第二の理由は、2 つの機能を統合した機能性にあります。R マークダウンは、統計ソフトウェアである R とワープロの機能を統合し、R による統計分析結果をシームレスに HTML ファイルや PDF ファイルに出力できるため、計量分析結果に至る過程を詳細に記録することができます。それと同時にさまざまな考察を書き加えながら、効率的に論文を完成させることもできます。R マークダウンを使えば、どのデータをどのようにして読み込み、どのように加工したのかという作業（Data Manipulation）の過程を詳細に記録しながら、飛躍せずに一歩ずつしっかりと論を進めることが可能となるのです。R マークダウンは計量分析において、より誤りの少ない研究成果を生み出すための必須ツールであるといえます。

第三の理由は、R マークダウンでは論文を書いたり図を描いたりする「楽しさ」を味わえることです。左の Rmd 画面に入力した文書や R コマンドを knit（ニット）することで、即座に右画面に出力できます。入力に間違いがあれば「エラーメッセージ」が表示され、正しければ想定どおりに出力されます。特に、無味乾燥な数値をわかりやすく可視化（Data Visualization）して、美しい図表が出力される作業は単純に楽しさも感じることができます。自らが立てた仮説について、データを集め、加工しながら分析を進め、途中で試行錯誤しながら実証的な論文を書き進めるためのツールとして、R マークダウンは理想的であるといえます。

本章では、R マークダウンを用いて、再現可能な研究を行うための第一歩として、R マーク

---

[1] 研究で使ったデータばかりでなく、研究論文で得られた結論を得るために使った R のコマンド（Replication Code）をインターネット上に公開して、自分たちの研究の再現可能性を示す試みが世界中で行われています。

ダウンを自らの PC 環境で快適に使えるようにするための準備を行います。

第 1 節（2.1）と第 2 節（2.2）では、プロジェクトの作成方法と R マークダウンの起動に必要な R マークダウン・パッケージのインストール方法を、Windows ユーザー向けと Mac ユーザー向けにそれぞれ解説します。第 3 節（2.3）では、R マークダウン特有の概念である「チャンク」について説明し、チャンクの挿入方法、R コードの入力方法などを解説します。第 4 節（2.4）では、R マークダウンをより自分で使いやすくするために使うショートカットキーの使い方を解説します。第 5 節（2.5）では、ドキュメントの作成、出力と保存、印刷に至るまで一連の流れを解説します。それにともない、このようなドキュメント作成において極めて有益な R マークダウンの「プロジェクト」の効果的な使い方も紹介します。第 6 節（2.6）では、プロジェクトの保存および終了の方法を解説します。

2.1　R マークダウン：Windows 10

RStudio 上で R マークダウン設定に必要なプロセスは次のとおりです。

- プロジェクトの作成
- R マークダウンのインストール

以下では、順を追って、R マークダウンの設定のプロセスを説明していきます。

2.1.1　プロジェクトの作成

R マークダウンを使いこなすためには「プロジェクト」を作成すると便利です。プロジェクトを作成すると、分析に必要なデータ（CSV ファイル）や論文作成に必要な写真（JPG ファイルや PNG ファイル）、そして文書（PDF ファイル）などを、作成した文書の中に簡単に取り入れることができます。

プロジェクトを作らなかった場合は、分析や文書作成で必要なデータや写真を呼び出す度に「どこから呼び出すか」というパス（経路）情報を指定しなければならないので手間がかかります。しかし、あらかじめプロジェクトを作成して、分析に必要なファイルをすべてそのプロジェクト・フォルダに保管しておけば、分析の手間を大幅に省くことができます。プロジェクトを作成することで、分析作業の効率性を劇的に高めることができるのです。

プロジェクトの作成手順

(1) RStudio を開いた状態で「File」をクリックし、上から2番目に表示される「New Project」をクリックします[2]。

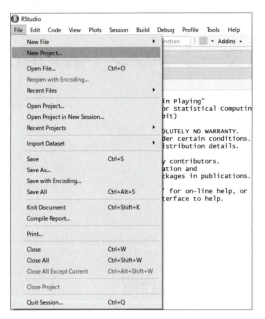

図 2.1　New Project を作る

---

[2] 図は Windows 上の RStudio の画面です。Mac 上の RStudio の画面は若干異なりますが、基本的な違いはありません。「File」から「New Project」を選ぶ操作は同じで、ソフトウェアの運用上問題はありません。

2.1　Rマークダウン：Windows 10

(2) 次のような画面が表示されたら、「New Directory」を選択します[3]。

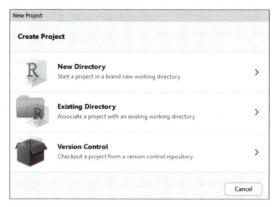

図 2.2　New Directory の選択

(3)「Project Type」の画面では「New Project」を選択します。

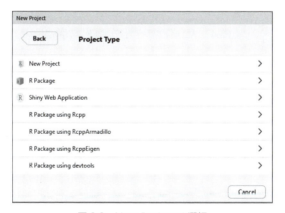

図 2.3　New Project の選択

---

[3] 既存のフォルダにプロジェクトを作成する場合は、「Existing Directory」を選択するとよいでしょう。

第 2 章 R マークダウンのセットアップ

(4)「Create New Project」の画面では、次のように指定します。

- **Directory name**[4]：このプロジェクトの名前を任意で指定できます。ここでは一例として「practice」と入力します。
- **Create project as subdirectory of**[5]：新しく作成するプロジェクトの「置き場所」を指定します。「Browse」をクリックし、デスクトップを指定します。

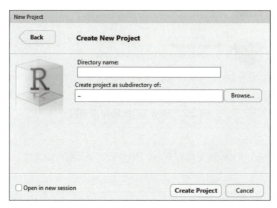

図 2.4　プロジェクト名とその置き場の指定

---

[4] プロジェクトの名前を指定する際、日本語を含む全角文字や半角スペースの使用を避けましょう。また、エラーの発生を防ぐために、初心者は記号の使用も避けたほうがよいでしょう。

[5] プロジェクトの置き場所は自由に指定できますが、当面はわかりやすいデスクトップとしておきます。「Browse」をクリックすると、任意の場所を選択できます。また、パスがわかっている場合は、ボックス内に直接入力することも可能です。

(5) 指定が完了したら、「Create Project」をクリックします。

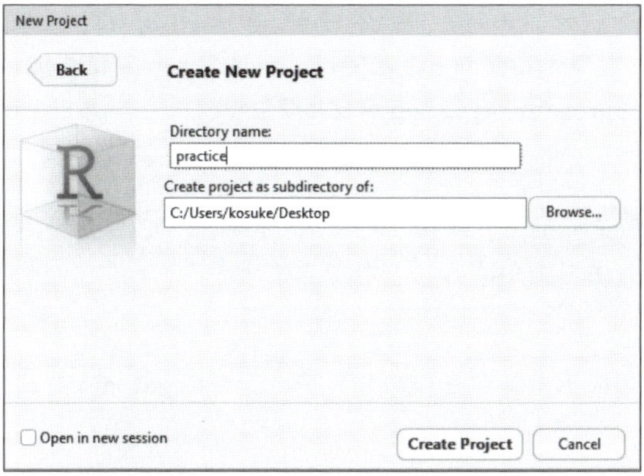

図 2.5 「Create Project」をクリック

(6) プロジェクトが作成されたかどうかの確認を行います。画面右上に次のようなアイコンが表示されていれば、プロジェクトの作成は完了しています。

図 2.6 プロジェクトが作成されたかどうかの確認

　デスクトップに practice というフォルダができていることを確認します。これがプロジェクト・フォルダです（working directory とも呼びます）。今後、RStudio を使った分析に必要なデータ（CSV ファイル）や論文作成に必要な写真（JPG ファイルや PNG ファイル）、そして文書（PDF ファイル）などはすべてこのフォルダに保存することになります。

　プロジェクトは次のいずれかの方法で開くことができます。

- File → Recent Projects → practice を選択
- File → Open Project →いくつかのパスをたどり practice を選択 → practice.Rproj を選択
- プロジェクト・フォルダ内（ここでは、デスクトップに作成した practice）の practice.Rproj というアイコンをダブルクリック

RStudio を作動させる working directory が正しく設定されているかどうかは、次のいずれかの方法で確かめることができます。

- Rmd ファイルにチャンクを作成し、チャンクに `getwd()` とコマンドを入力し、knit する
- Console に `getwd()` というコマンドを入力し、[Enter] キー（Windows の場合）もしくは [return] キー（Mac の場合）を押す

working directory とは、R マークダウンが作動しているフォルダのことです。ここでは、右端にある practice が working directory です。

R マークダウンはこの practice というフォルダからデータ分析に必要なデータや写真などのファイルを自動的に「持ってくる」ことを可能にしてくれます。したがって、今、どの working directory で R マークダウンを動かしているのかを常に確認し、把握しておくことが重要です。

「データを読み込めません」と言う学生のほとんどは、working directory を把握していないことが原因でこうしたトラブルが起きています。R マークダウンを使用する場合は、分析テーマごとに新たなプロジェクトを作成すると、プロジェクトごとに working directory をチェックする手間を省くことができ、簡単にデータを読み込むことができるので大変便利です。

2.1.2 R マークダウンのインストール

▍R マークダウンのインストール手順

(1) インターネットに接続し、RStudio を起動した状態で「File」から「New File」を選択し、上から 3 つ目の「R Markdown」を選択します。

図 2.7　R Markdown の選択

(2) 次のような画面が表示されたら、「Yes」をクリックします。

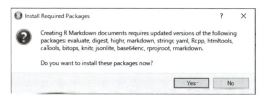

図 2.8　Install Required Packages

(3) 次のような画面が表示されます。文字化けしていますが、必要なパッケージのインストールを行っているので心配ありません[6]。

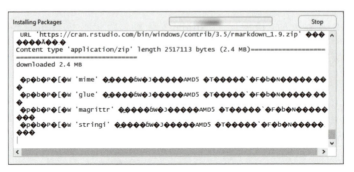

図 2.9 Installing Packages

　ここまで順調に R マークダウンをインストールできた場合は、38 ページから 46 ページまでをスキップして 47 ページの「New R Markdown を使う」に進んでください。

2.1.3 エラーとその対処法

　前項「R マークダウンのインストール」の操作手順（3）では、エラーメッセージが表示されることがあります。以下、2 つのエラーと解決方法について説明します。

ここで起こり得るエラー（1）

　次のエラーは、R がデフォルトでパッケージをインストールするように設定しているフォルダへの変更ができないので、新たなパッケージをインストールでき

---

[6] R マークダウンを初めて使用したときに「rmarkdown」パッケージなどの R マークダウン作成に必要なパッケージがインストールされていないと、このような画面が表示されます。Windows 上でしばしば発生する問題ですが、インストール先のフォルダの書き込みがユーザーに許可されていなかったり、ただ単にインストールがうまくいっていなかったりすることが原因です。このような場合は、後述する「ここで起こり得るエラー（1）」と「ここで起こり得るエラー（2）」を参照してエラーを解決します。

ない、というものです[7]。

画面には次のようなエラーメッセージが表示されます。

```
Install Packages
Unable to install packages (default library 'C:/
Program Files/R/R-3.5.0/library' is not writeable)
```

エラーメッセージ画面右下の「OK」をクリックしてください。この問題を解決するには、Rパッケージをインストールするフォルダの書き込み設定を変更する必要があります。以下では、この問題の解決策を1つずつ丁寧に解説していきます。すでにインストールが完了している読者は、この説明を読み飛ばしてかまいません。

エラー解決の手順

(1)「エクスプローラー」(この場合は右から3番目のアイコン) をクリックします。

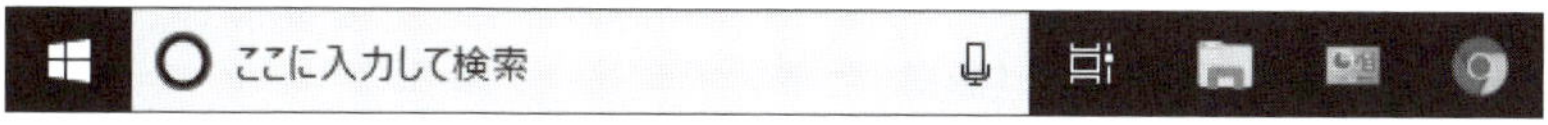

図2.10 エクスプローラーのアイコンをクリックする

---

[7] このエラーは、早稲田大学や横浜市立大学、拓殖大学などでの授業で頻発しています。この問題は、自分だけのパソコンだけでなく、家族と共用のパソコンなどを使っている場合によく起きるエラーです。

第 2 章　R マークダウンのセットアップ

(2) エクスプローラーが起動したら、画面の左側下方、下から 2 番目にある「PC」
をクリックします。

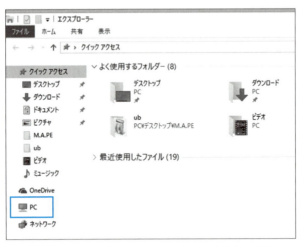

図 2.11　エクスプローラー → クイックアクセス → PC

(3)「PC」をクリックすると「デバイスとドライブ」という項目が表示されるの
で、「ローカルディスク（C:）」をダブルクリックします（このローカルドラ
イブは「C ドライブ」とも呼ばれています）。

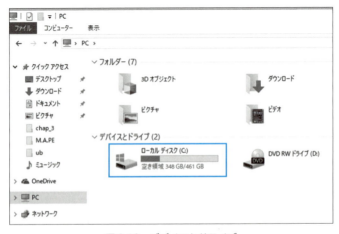

図 2.12　デバイスとドライブ

(4)「Program Files」をダブルクリックします[8]。

図 2.13　Program Files

(5)「R」をダブルクリックします[9]。

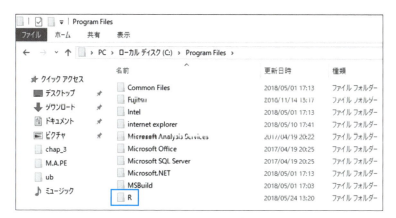

図 2.14　R フォルダ

[8] Windows 64bit バージョンの場合は「Program Files」をダブルクリックします。32bit バージョンの場合は「Program Files（x86）」をダブルクリックします。

[9] 「Program Files」内にある「R」フォルダには、R に関連するパッケージがインストールされています。

(6)「R-3.5.0」をダブルクリックします。

図 2.15　R-3.5.0

(7)「library」にカーソルを合わせて右クリックし、「プロパティ」をクリックします。

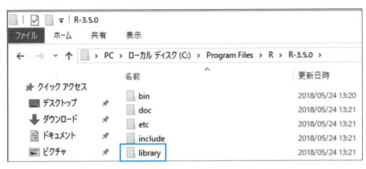

図 2.16　「library」を右クリック → プロパティ

2.1 R マークダウン：Windows 10

(8) 画面の上部、左から 3 つ目のタブ「セキュリティ」をクリックします。

図 2.17　library のプロパティ

(9) 次の画面が表示されます。

図 2.18　ALL_APPLICATION_PACKAGES

第 2 章 R マークダウンのセットアップ

(10)「ALL_APPLICATION_PACKAGES」の右側にある縦スクロールバーを下に動かし「SYSTEM」の 2 つ下に隠れている「Users（LAPTOP-STT54TH66¥Administrators」をクリックします（パソコンによっては「Users」とだけ表記される場合があります）。

図 2.19　Users (LAPTOP-ST54TH66¥Users)

2.1 Rマークダウン：Windows 10

(11)「アクセス許可（P）：Users」の「フルコントロール」と「変更」の「許可」にチェックを入れ「適用」または「OK」をクリックします。

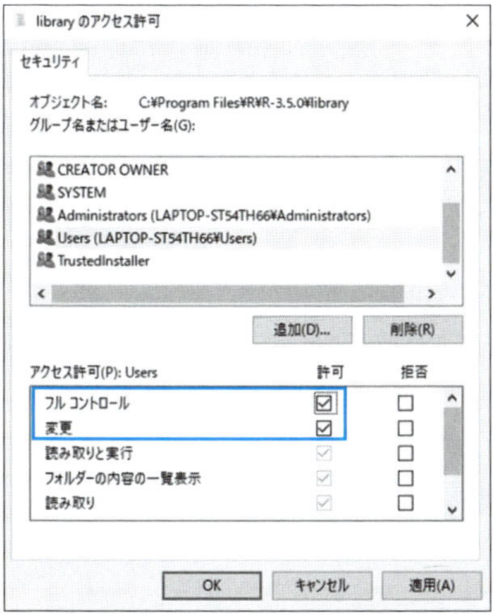

図 2.20　アクセス許可：Users

ここで起こり得るエラー（2）

もう1つのエラーを解決する手順を説明します。

エラー解決の手順

(1)「File」から「New File」を選択し、上から3つ目の「Rマークダウン」をクリックしたときに次のような画面が表示されたら、その内容を携帯電話などで写真撮影しておきます。

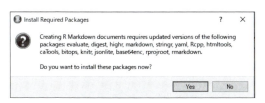

図 2.21　エラーメッセージ

第 2 章　R マークダウンのセットアップ

(2) RStudio の画面左下にある Console タブをクリックします。

(3) 撮影した写真を見ながら、インストールすべきパッケージの名称を「>」の後ろに入力します。たとえば、この場合は 15 個のパッケージ（evaluate、digest、highr、rmarkdown、stringr、yaml、Rcpp、htmltools、caTools、bitops、knitr、jsonlite、base64enc、rprojroot、markdown）をインストールすることが要求されています。

まず、1 つ目の evaluate というパッケージをインストールするには、RStudio の画面左下にある Console をクリックし次のように入力し、[Enter] キー（Mac の場合は [return] キー）を押します[10]。

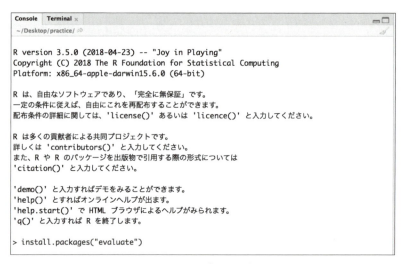

図 2.22　evaluate というパッケージをインストール

---

[10] パッケージをインストールする際には install.packages("evaluate") のように「evaluate」をダブルクォーテーション（double-quotation）で囲む必要があります。また、パッケージをロードする際には library("evaluate") でも、library(evaluate) のどちらでもかまいませんが、ダブルクォーテーションで囲んだほうがより確実です。

(4) evaluate パッケージのインストールが成功すると、画面左下にある「RMarkdown」タブに次のようなメッセージが表示されます。

```
> install.packages("evaluate")
trying URL 'http://ftp.yz.yamagata-u.ac.jp/pub/cran/bin/macosx/el-capitan/contrib/3.4/evaluate
_0.10.1.tgz'
Content type 'application/x-gzip' length 47130 bytes (46 KB)
==================================================
downloaded 46 KB


The downloaded binary packages are in
	/var/folders/b7/qrj2xvqx08g57_dzxcnd887h0000gn/T//RtmpAyt3Kq/downloaded_packages
WARNING: Your CRAN mirror is set to "http://ftp.yz.yamagata-u.ac.jp/pub/cran/" which has an in
secure (non-HTTPS) URL. You should either switch to a repository that supports HTTPS or change
your RStudio options to not require HTTPS downloads.

To learn more and/or disable this warning message see the "Use secure download method for HTTP
" option in Tools -> Global Options -> Packages.
```

図 2.23　evaluate というパッケージをインストール（完了画面）

以上の **(2)** から **(3)** までの作業を digest から markdown までの 14 のパッケージについて行います。

New R Markdown を使う

(1) R マークダウンのインストールが成功すると次のような画面が表示されるので設定を行います。設定が終わったら「OK」をクリックします。

- **Title**：R マークダウンファイルのタイトルを指定します。ここでは「RMarkdown 練習」と入力します。
- **Author**：作成者名を指定します。自分の名前をローマ字で入力します。
- **Default Output Format**：作成するアウトプットのフォーマットを選択します。ここでは「HTML」にチェックを入れます。

PDF、Word を選択した場合も **(2)** 以降の手順は同じになります。

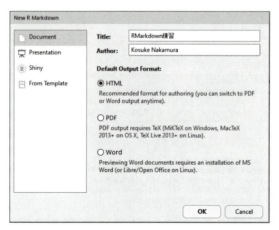

図 2.24　New R Markdown

(2) 上記の設定が終わると、4 分割した画面が表示されます。左上の画面には次のような画面が表示されるので、7 行目以下を削除します[11]。

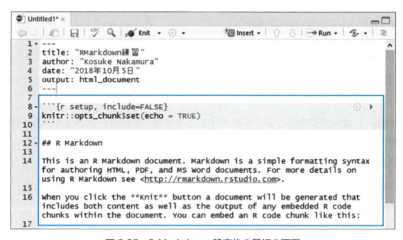

図 2.25　R Markdown 設定後の最初の画面

---

[11] 枠で囲まれた 7 行目以下では、R マークダウンの使い方を簡単に説明しています。画面の 1 行目から 6 行目までは不必要に消すとエラーが発生し、HTML ファイルをうまく作成できなくなります。このため、最初のうちはできるだけいじらないほうが賢明です。より高度な設定を行いたい場合は、http://yukiyanai.github.io/jp/classes/stat2/contents/R/r-markdown.html などを参考にするのがよいでしょう。

2.1 Rマークダウン:Windows 10

(3) Insert アイコンの左隣にある歯車アイコンをクリックして、上から2番目の「Preview in Viewer Pane」を選択します[12]。

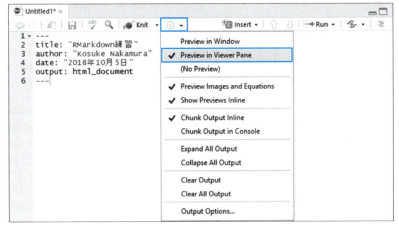

図 2.26 Preview in Viewer Pane

(4) これで、RマークダウンのアウトプットをRStudioの4分割された画面の右下に表示するための設定は完了です。

---

[12]デフォルトでは、Rマークダウンのアウトプットは別ウィンドウで出力されます。しかし、RStudioにはパネルが4つあり、左側で入力したものがすぐに右側にアウトプットとして見られて便利なのでこの設定を推奨しています。

2.2 Rマークダウン: Mac OS

RStudio 上で R マークダウン設定に必要なプロセスは次のとおりです。

- プロジェクトの作成
- R マークダウンのインストール

以下では、順を追って、R マークダウンの設定のプロセスを説明していきます。

2.2.1 プロジェクトの作成

　R マークダウンを使いこなすためには「プロジェクト」を作成すると便利です。プロジェクトを作成すると、分析に必要なデータ（CSV ファイル）や論文作成に必要な写真（JPG ファイルや PNG ファイル）、そして文書（PDF ファイル）などを、作成した文書の中に簡単に取り入れることができます。

　プロジェクトを作らなかった場合は、分析や文書作成で必要なデータや写真を呼び出す度に「どこから呼び出すか」というパス（経路）情報を指定しなければならないので手間がかかります。しかし、あらかじめプロジェクトを作成して、分析に必要なファイルをすべてそのプロジェクト・フォルダに保管しておけば、分析の手間を大幅に省くことができます。プロジェクトを作成することで、分析作業の効率性を劇的に高めることができるのです。

プロジェクトの作成手順

(1) RStudio を開いた状態で「File」をクリックし、上から 2 番目に表示される「New Project」をクリックします。

図 2.27　New Project を作る

(2) 次のような画面が表示されたら、「New Directory」を選択します[13]。

図 2.28　New Directory の選択

---

[13]既存のフォルダにプロジェクトを作成する場合は、「Existing Directory」を選択するとよいでしょう。

(3)「Project Type」の画面では「New Project」を選択します。

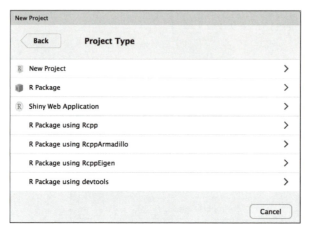

図 2.29　Project Type

(4)「Create New Project」の画面では、次のように指定します。

- **Directory name**[14]：このプロジェクトの名前を任意で指定できます。「practice」と入力します。
- **Create project as subdirectory of**[15]：新しく作成するプロジェクトの「置き場所」を指定します。「Browse」をクリックし、デスクトップを指定します。

---

[14] プロジェクトの名前を指定する際、日本語を含む全角文字や半角スペースの使用を避けましょう。また、エラーの発生を防ぐために、初心者は記号の使用も避けたほうがよいでしょう。

[15] プロジェクトの置き場所は自由に指定できますが、当面はわかりやすいデスクトップとしておきます。「Browse」をクリックすると、任意の場所を選択できます。また、パスがわかっている場合は、ボックス内に直接入力することも可能です。

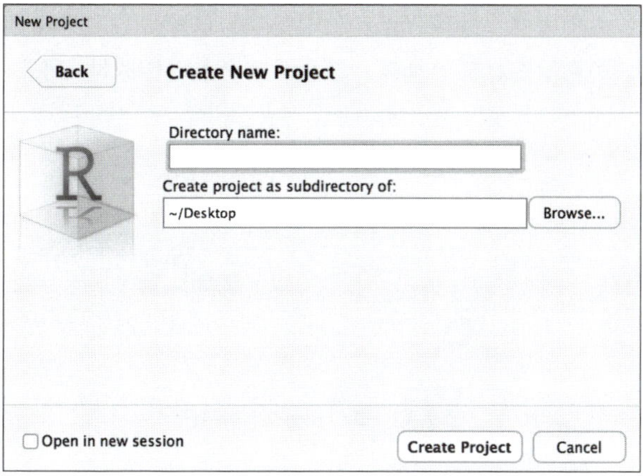

2.2 Rマークダウン:Mac OS

図 2.30　プロジェクト名とその置き場所の指定

(5) 指定が完了したら、「Create Project」をクリックします。

図 2.31　「Create Project」をクリック

(6) プロジェクトが作成されたかどうかの確認を行います。画面右上に次のようなアイコンが表示されていれば、プロジェクトの作成は完了しています。

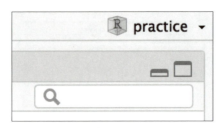

図 2.32　プロジェクトの確認

　デスクトップに「practice」というフォルダができていることを確認します。これがプロジェクト・フォルダです。今後、RStudio を使った分析に必要なデータ（CSV ファイル）や論文作成に必要な写真（JPG ファイルや PNG ファイル）、そして文書（PDF ファイル）などはすべてこのフォルダに保存することになります。

　プロジェクトは次のいずれかの方法で開くことができます。

- File → Recent Projects → practice を選択
- File → Open Project →いくつかのパスをたどり practice を選択
- プロジェクト・フォルダ内の practice.Rproj というアイコンをダブルクリック

　RStudio を作動させる working directory が適切に設定されているかどうかは、次のいずれかの方法で確かめることができます。

- Rmd ファイルにチャンクを作成し、チャンクに `getwd()` とコマンドを入力し、knit する
- Console に `getwd()` というコマンドを入力し、[Enter] キー（Windows の場合）もしくは [return] キー（Mac の場合）を押す
- 結果として、現在作業している working directory という場所が表示される

working directory とは、R マークダウンが作動しているフォルダのことです。ここでは、図 2.32 の practice が working directory です。

R マークダウンはこの practice というフォルダからデータ分析に必要なデータや写真などのファイルを自動的に「持ってくる」ことを可能にしてくれます。したがって、今、どの working directory で R マークダウンを動かしているのかを常に確認し、把握しておくことが重要です。

「データを読み込めません」と言う学生のほとんどは、working directory を把握していないことが原因でこうしたトラブルが起きています。R マークダウンを使用する場合は、分析テーマごとに新たなプロジェクトを作成すると、プロジェクトごとに working directory をチェックする手間を省くことができ、簡単にデータを読み込むことができるので大変便利です。

2.2.2 R マークダウンのインストール

R マークダウンのインストール手順

(1) インターネットに接続し、RStudio を開いた状態で「File」から「New File」を選択し、上から 3 つ目の「R Markdown」を選択します。

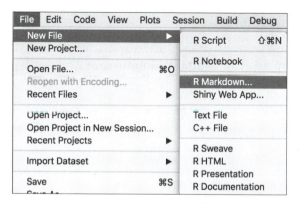

図 2.33　R Markdown の選択

第 2 章　Ｒマークダウンのセットアップ

(2) 次の画面が表示されます[16]。設定が終わったら「OK」をクリックします。

- **Title**：R マークダウンファイルのタイトルを指定します。ここでは「RMarkdown 練習」と入力します。
- **Author**：作成者名を指定します。自分の名前をローマ字で入力します。
- **Default Output Format**：作成するアウトプットのフォーマットを選択します。ここでは「HTML」にチェックを入れます。

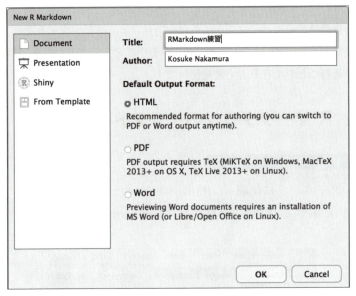

図 2.34　New R Markdown

(3) 上記の設定が終わると、4 分割した画面が表示されます。左上の画面には次のような画面が表示されるので、7 行目以下を削除します[17]。

---

[16] Windows と同様に、この画面が表示される前に、初回のみ必要なパッケージのインストールを求められる場合があります。その場合は、適宜「Yes」を選択し、必要なパッケージをインストールします。

[17] 枠で囲まれた 7 行目以下では、R マークダウンの使い方を簡単に説明しています。画面の 1 行目から 6 行目までは不必要に消すとエラーが発生し、HTML ファイルをうまく作成できなくなります。このため、最初のうちはできるだけいじらないほうが賢明です。より高度な設定を行いたい場合は、http://yukiyanai.github.io/jp/classes/stat2/contents/R/r-markdown.html などを参考にするのがよいでしょう。

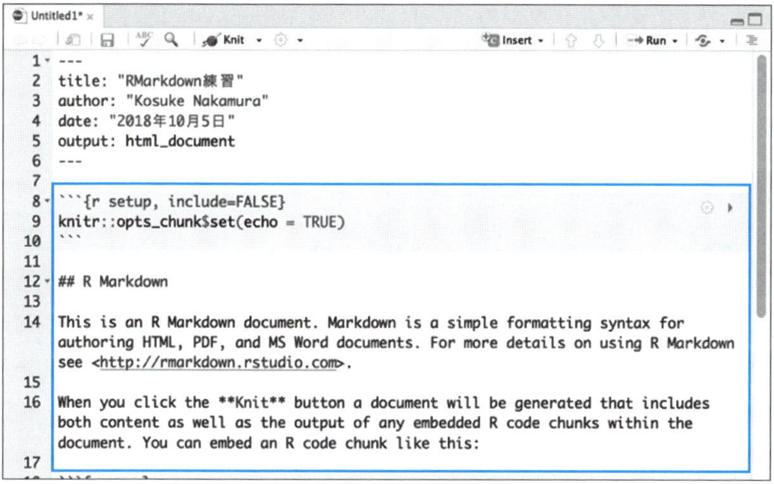

2.2 Rマークダウン：Mac OS

図 2.35　R Markdown 設定後の最初の画面

(4) Insert アイコンの左隣にある歯車アイコンをクリックして、上から 2 番目の「Preview in Viewer Pane」を選ぶ[18]。

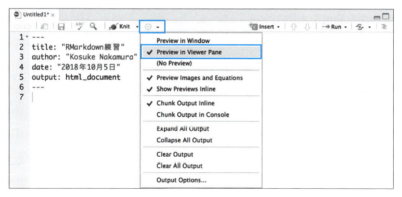

図 2.36　Preview in Viewer Pane

---

[18] デフォルトでは、R マークダウンのアウトプットは別ウィンドウで出力されます。しかし、RStudio にはパネルが 4 つあり、左側で入力したものがすぐに右側にアウトプットとして見られて便利なのでこの設定を推奨しています。

(5) これで、RマークダウンのアウトプットをRStudioの4分割された画面の右下に表示するための設定は完了です。

2.3 チャンクの使い方

　本節では、RマークダウンにRコードを埋め込むために必要な「チャンク」について説明します。チャンクとはRコードを記述するブロックのことであり、チャンクを導入することによってRマークダウン上でRを実行させ、統計分析結果や入力文字のアウトプットを表示することができます。

　本節では、Rマークダウンにチャンクを挿入する具体的な方法と、チャンクを使ったコードの入力方法を説明します。加えて、チャンクに関して知っておくと便利な「裏技」を紹介し、より快適で美しいRマークダウンによるアウトプットのスキルを提供します。

チャンクの使い方

(1) RStudioの4分割された左上の画面（Rmdファイル）の7行目にカーソルを置いた状態でInsertからRを選択します[19]。

---

[19] Windowsでは [Ctrl] + [Alt] + [I] キー、Macでは [command] + [option] + [I] キーというショートカット（デフォルト）でもチャンクを挿入することができます。ショートカットキーは自分で設定することも可能です（次節を参照）。

2.3 チャンクの使い方

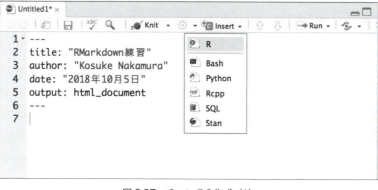

図 2.37 チャンクの作成（1）

(2) 3行分が灰色で表示されます。これが「チャンク」です。この灰色の部分の「チャンク」はRコードを記述するブロックです。図2.38では、8行目の「```{r}」と10行目の3つの点「```」で囲まれた部分を指します。

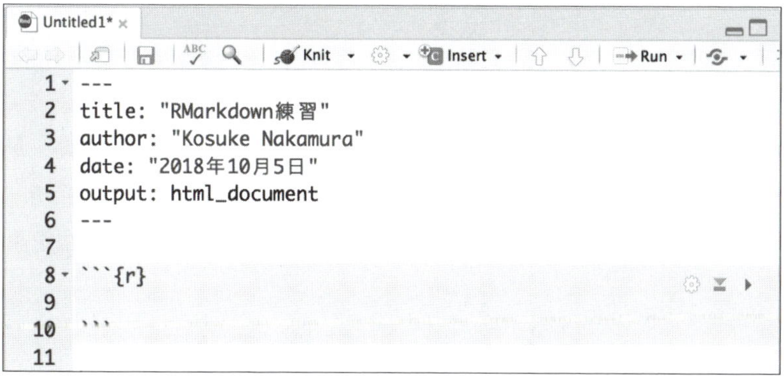

図 2.38 チャンクの作成（2）

(3) チャンク外の上側に「1 + 1 を計算してみる」と入力し、チャンクの中に「1 + 1」と入力します。

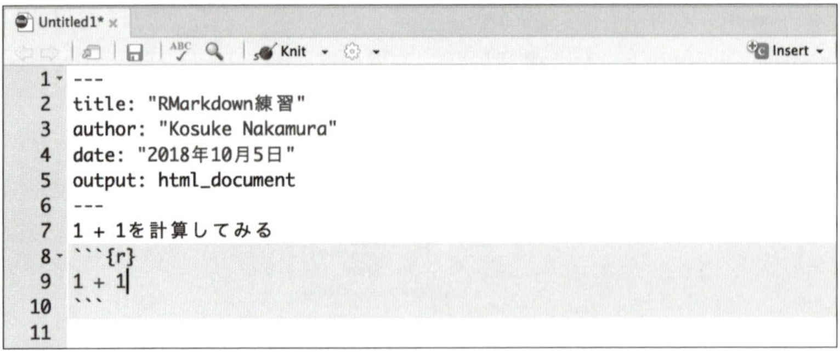

図 2.39　チャンクの作成（3）

2.4　ショートカットの使い方

　前節で説明したチャンクの表示や実行の際に、4分割された左上のRmdファイル画面にあるInsertやKnitを毎回クリックするのは煩雑です。そこで、RStudioではこれらをクリックする手間を省くため、ショートカットキーが設定できるようになっています。ここでは、最もよく行う2つの作業、(1) チャンクを表示させるInsert、(2) Knitのショートカットキーを設定する方法を説明します。

2.4.1　Insertのショートカット設定

　Insertのショートカットを設定する方法は次のとおりです。

Insertのショートカット設定

(1)「Tools」をクリックし、下から3つ目の「Modify Keyboard Shortcuts」を選択します。

2.4 ショートカットの使い方

図 2.40　Modify Keyboard Shortcuts を選ぶ

(2) キーボードのショートカットキーの一覧が表示されます。

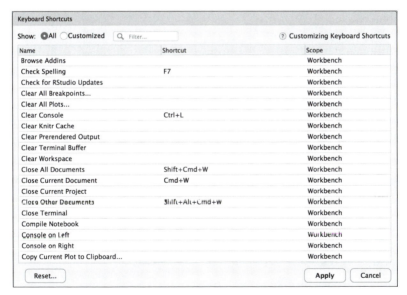

図 2.41　ショートカットキーの一覧

(3) 画面左上にある「Show」では「All」を選択し、検索欄に「insert」と入力すると次の画面が表示されます。画面左側の「Name」から「Insert Chunk」に該当する「Shortcut」の箇所にある検索窓をクリックすると窓の色が緑色（または青色）に変わるので、使いやすい任意の複数キーを指定し（Windowsの場合は［Alt］キー、［Ctrl］キー、［I］キーを同時に押す。Macの場合は［command］キー、［option］キー、［I］キーを同時に押す）、画面右下の「Apply」をクリックします。

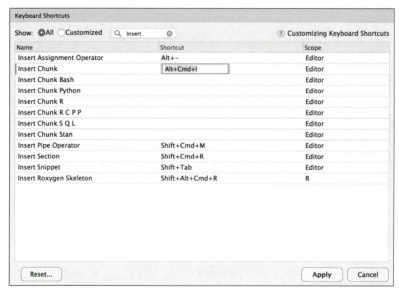

図 2.42　Keyboard Shortcuts の設定

2.4.2 Knit のショートカット設定

Knit のショートカットを設定する方法は次のとおりです。

> Knit のショートカット設定

(1)「Tools」をクリックし、下から3つ目の「Modify Keyboard Shortcuts」を選択します。

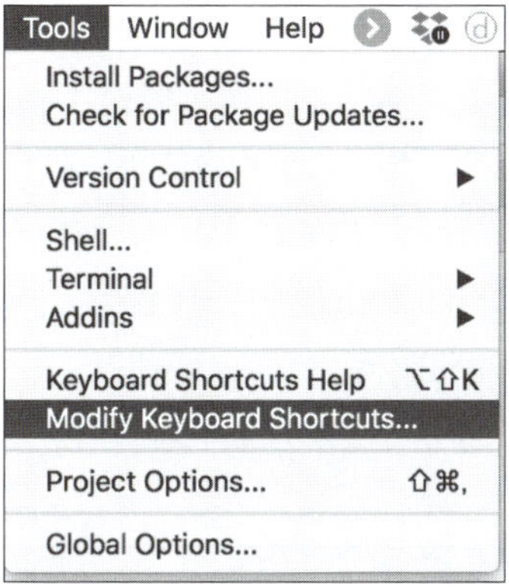

2.4 ショートカットの使い方

図 2.43 Knit のショートカット設定

(2) キーボードのショートカットキーの一覧が表示されます。

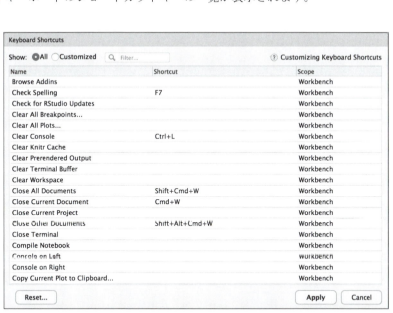

図 2.44 ショートカットキーの一覧

(3) 画面左上にある「Show:」では「All」を選び、検索欄に「knit」と入力すると次の画面が表示されます。画面左側の「Name」から「Knit Current Document」に該当する「Shortcut」の箇所にある検索窓をクリックすると窓の色が緑色（または青色）に変わるので、使いやすい任意の複数キーを指定し（Windows の場合は［Alt］キー、［Ctrl］キー、［K］キーを同時に押す。Mac の場合は［command］キー、［option］キー、［K］キーを同時に押す）、画面右下の「Apply」をクリックします。

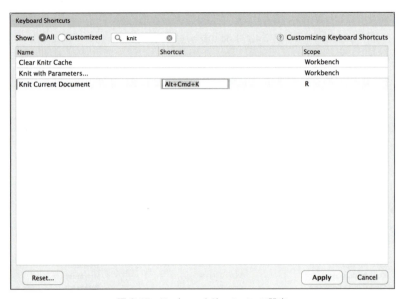

図 2.45　Keyboard Shortcuts の設定

　このようにショートカットを簡単に設定できます。これで、「Insert」や「Knit」をクリックする代わりに、3 つの異なるキーを同時に押すことでチャンクの表示や R コマンドの実行ができるようになりました。

2.5 保存および出力方法

前節で入力した「1 + 1」の結果を HTML 形式で出力し、レポートを作ってみます。

保存および出力の手順

(1) 画面中央部にある Knit をクリックします（あるいは前節で設定した Knit のショートカットキーを押します）。

図 2.46　足し算を knit する

(2) 次の画面が表示されるので、「ファイル名 (N)」(Windows 版) もしくは「Save As」(Mac 版) に任意のファイル名（ここでは practice）を入力し、「Save」をクリックします。ファイル名には、半角のアルファベットを使うようにし、日本語などの全角文字やスペースを使わないようにしましょう[20]。

---

[20] ここで間違って行いやすいのは、「practice」フォルダの中にある practice.Rproj をクリックしてしまうという操作です。このファイルをクリックすると、画面上の Knit アイコンが非表示になってしまいます。必ずファイル名を自分で入力しましょう。

第 2 章 R マークダウンのセットアップ

図 2.47 ファイルの保存（Windows 版）

図 2.48 ファイルの保存（Mac 版）

(3) 4 分割された右下の画面に、次のようにアウトプットが表示されます[21]。

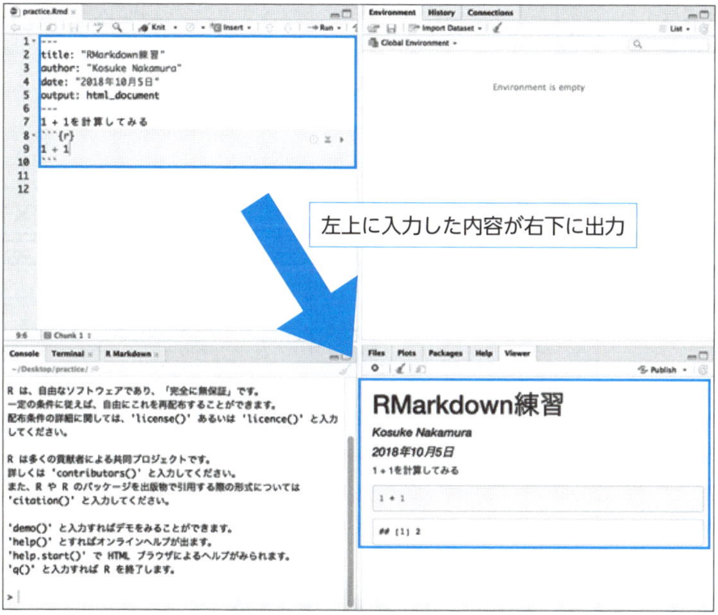

図 2.49　アウトプットの表示

　図 2.49 の左上のペイン内に挿入したチャンクに入力した R コードは、右下のペインに示されているように、式「1 + 1」は灰色の部分に、答え「2」はその下に表示されます。

　このように R マークダウンでは、入力したコードは灰色の部分、その結果はその下に表示されます。また、左上のパネルでチャンクの外に入力した「1 + 1 を計算してみる」という説明の文字は、灰色の部分の上に表示されています。

---

[21] Knit をすることで、作業内容が HTML として出力されると共に保存されます。それと同時に、Rmd ファイルも自動的に保存されます。しかし、Knit しないと Rmd ファイルは保存されないので、「File」メニューから「Save As」を選択し、上書き保存するのが望ましいからです。

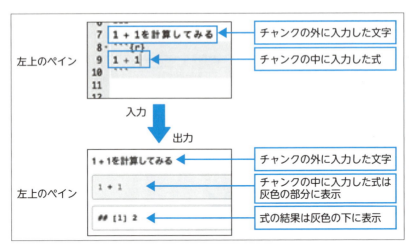

図 2.50　左上のペイン内の入力と右下のペインの出力

2.6　Rプロジェクトの保存と終了方法

　practice プロジェクト内で practice.Rmd を開いて文書を書き込んだり、チャンクにコマンドを入力して統計分析を終えたら、practice.Rmd を保存する必要があります。「File」メニューから「Save As」を選択し、既存の practice.Rmd に上書き保存します(practice.Rmd を Knit をした時点で、作業内容は HTML ファイルとして出力されると同時に practice.Rmd に上書き保存されます)。

　これで、Rマークダウンの基本的な設定が終わり、データ分析やレポート作成に入る準備の基礎ができました。

第3章

R packagesの
セットアップ

3.1 インストール時の方法およびエラーとその対処法
3.2 ロード時の方法およびエラーとその対処法

第 3 章　R packages のセットアップ

　第 1 章では R と RStudio のインストール方法、第 2 章では R マークダウンのセットアップとその使い方を説明してきました。第 3 章ではパッケージのインストールとロードの方法を説明します。実際にデータ分析し論文として完成させるためには、もともと R にデフォルトで実装されている関数だけでは不十分なため、R を使った計量分析には不可欠な「パッケージ (package)」と呼ばれる「関数の集まり」をインストールする必要があります。このパッケージは、世界中のプログラマーや研究者によって日々新しいものが作られ、よりよいものへと更新され続けており、すべてのパッケージを把握することは困難だといえます。パッケージは時々刻々と進化しており、類似したパッケージが新たに出てきたときは、既存のパッケージと比較され、よりよいものが残り、淘汰されていきます。

　本章は、さまざまな R パッケージのインストール方法と、インストールの途中で RStudio ユーザーがしばしば直面するエラーを紹介し、1 人でも多くのユーザーが快適に RStudio を使いこなせることを目指します。

　ここでは、早稲田大学、横浜市立大学、そして拓殖大学の授業やゼミで実際に発生したエラーを紹介しながら、その具体的な解決方法も説明します（エラーは主に Windows 10 のパソコンで発生することが多いですが、Mac でもエラーは皆無ではありません）。

　ここではよく使われている ggplot2 と dplyr という 2 つのパッケージのインストールを事例として解説します。RStudio 上で ggplot2 を使うためには 2 つのプロセスを、順を追って経る必要があります。1 つは「**インストール**」、そしてもう 1 つは「**ロード**」というプロセスです。本章ではそれぞれについて丁寧に解説します。下図に示したように、パッケージをインストールする場所（左下の画面：Console タブ）とロードする場所（左上の画面：Source タブ）は異なるので、くれぐれも注意してください。

3.1 インストール時の方法およびエラーとその対処法

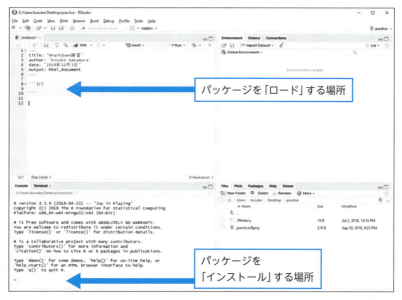

図 3.1 RStudio におけるパッケージをインストールする場所とロードする場所の違い

3.1 インストール時の方法およびエラーとその対処法

3.1.1 パッケージのインストール

インストール時におけるエラーと対処法について説明します。

パッケージのインストール

(1) 4分割された RStudio の左下の「Console」をクリックし、install.packages ("ggplot2", dependencies = TRUE) と入力後、[Enter] キー（Windows の

71

場合）もしくは［return］キー（Macの場合）を押します[1]。

```
'demo()' と入力すればデモをみることができます。
'help()' とすればオンラインヘルプが出ます。
'help.start()' で HTML ブラウザによるヘルプがみられます。
'q()' と入力すれば R を終了します。

> install.packages("ggplot2", dependencies = TRUE)
```

図3.2　パッケージをインストールするコマンドの一例

(2)　［Enter］キー（Windowsの場合）もしくは［return］キー（Macの場合）を押したあとに次のような画面が表示されたら、インストールは完了です（完了するまでに時間がかかる場合があります）。

```
> install.packages("ggplot2", dependencies = TRUE)
trying URL 'http://ftp.yz.yamagata-u.ac.jp/pub/cran/bin/macosx/el-capitan/contrib/3.4/ggplot2_2.2.1.tgz'
Content type 'application/x-gzip' length 2792414 bytes (2.7 MB)
==================================================
downloaded 2.7 MB


The downloaded binary packages are in
        /var/folders/b7/qrj2xvqx08g57_dzxcnd887h0000gn/T//RtmpdsUJVP/downloaded_packages
> |
```

図3.3　パッケージのインストールが成功した場合の画面の一例

(3)　画面右上のPackagesをクリックすると、パソコンにインストールされているパッケージ一覧が表示されます。この中に「ggplot2」があれば、正常にインストールされたことになります。

---

[1]　dependencies = TRUE は「ggplot2 パッケージを起動するのに必要なパッケージがあれば、それもあわせてインストール」という意味のコマンドです。

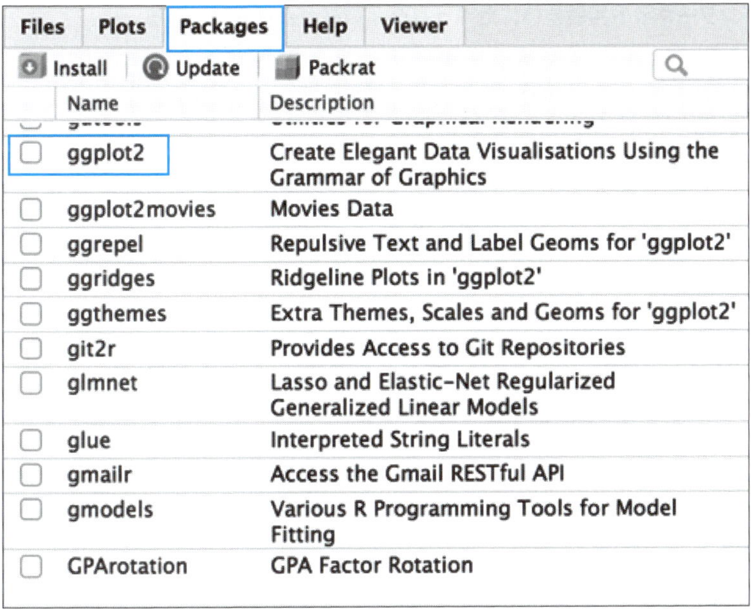

図 3.4　パッケージの確認

3.1.2 インストールが失敗した場合の画面

インストールが成功したときと同様、まず画面右上の Packages をクリックし、パソコンにインストールされているパッケージ一覧を確認しましょう。この中に「ggplot2」がなければ、インストールが失敗したということになります。

3.1.3 想定されるエラーの原因とその解決策

インストール時のエラーの原因としては、次のようなことが考えられます。

- **インターネット接続が不安定である**
  - 解決策　良好なインターネットの接続状況を確保してから再度インストールを試みる。

- **インターネット接続自体にセキュリティ規制がかけられている**
  大学や会社のインターネット接続のセキュリティのレベル次第でスムーズにパッケージがインストールできる場合とできない場合があります。

  解決策　インターネットを切断し、インターネットの接続先を変更する、あるいは携帯電話などのテザリング接続により再度インストールを試みる。

3.2 ロード時の方法およびエラーとその対処法

3.2.1 パッケージのロード

ggplot2 のインストールが終わったら、次に ggplot2 をロードします。

パッケージのロード

(1) RStudio の 4 分割された左上の画面（Rmd ファイル）の 8 行目にカーソルを置いた状態で「Insert」をクリックし「R」を選択すると、「チャンク」と呼ばれる 3 行から構成される灰色のブロックが表示されます。

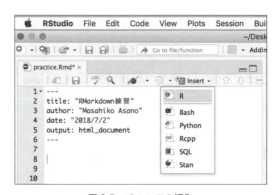

図 3.5　チャンクの挿入

(2) チャンクに library(ggplot2) と入力後、Knit をクリックします[2]。

(3) 4分割された画面の右端に、高さが異なる2つのアイコンがあるので、右側にある高いほうのアイコンをクリックします。

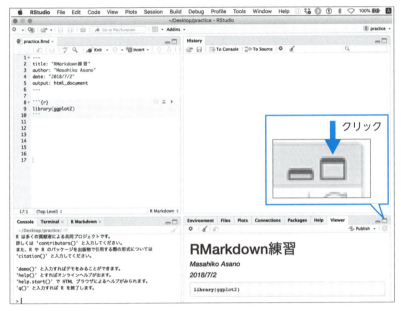

図 3.6　右側の出力画面を広く使う設定

---

[2] 入力するコマンドは library(ggplot2)、library("ggplot2") のどちらでもかまいません。Knit をクリックすると、4分割された画面の左上（Rmd ファイル）に入力した内容が、画面の右下に出力されます。4分割された右下の画面に library(ggplot2) もしくは library("ggplot2") と表示されていれば、ggplot2 というパッケージがロードされていることになります。

第 3 章　R packages のセットアップ

(4) 表示画面の右半分を出力画面として広く使うことができるようになります。

図 3.7　R Markdown の設定が完了した画面

3.2.2　ここで起こり得るエラー（1）

　たとえば、dplyr というパッケージをインストールするために、次の画面のように入力して knit を行った場合、エラーが発生し、右側の画面に HTML ファイルが出力されなかったとします。

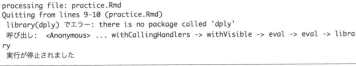

図 3.8 パッケージをロードする際のエラー

3.2.3 想定されるエラーの原因とその解決策

ロード時のエラーの原因としては、次のようなことが考えられます。

- **入力ミス**

    ここでロードしたいのは **dplyr** というパッケージですが、チャンクに入力された文字をよく見ると **dply** となっていて **r** が抜けています。library やパッケージ名のつづりが少しでも誤っていたり、文字やカッコが全角だったりすると、「パッケージがありません」というエラーメッセージが表示されます。スペルをしっかりと確認して入力する必要があります。

    解決策 正確なコマンドを入力する。

- **パッケージがインストールされていない**

  ロード時に `library(dplyr)` と正確に入力しているのにエラーが表示される場合は、パッケージが正常にインストールされていない可能性があります。RStudio上でパッケージを使うためには2つのプロセスを経る必要があります。

  解決策 4分割されたRStudio画面の左下にあるConsoleタブをクリックし、`install.packages("dplyr", dependencies = TRUE)` と入力して[Enter]キー（Windowsの場合）もしくは[return]キー（Macの場合）を押す[3]。

3.2.4　ここで起こり得るエラー（2）

チャンクの中に「`library(dplyr)`」と入力し、knitを行うと、画面右側に出力されたHTMLファイルにエラーと思われるメッセージが表示されたとします。

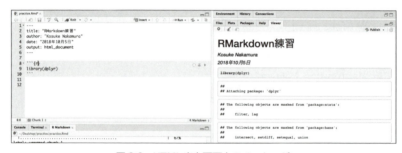

図3.9　HTML出力画面上のメッセージ

画面上に赤い文字でメッセージが表示されると、慣れないうちは深刻なエラーなのではないかと思うことでしょう。しかし、「以下のオブジェクトは'package:base'からマスクされています」というメッセージは形式的なものなので、無視してもかまいません。実際にパッケージはインストールできますし、ロードしたパッケージも問題なく使えるはずです。

---

[3] Rのパッケージのインストールに関する解説書には、`install.packages("パッケージ名")` とだけ入力するよう書かれていることが多くあります。しかし、3.1.1で述べたようにパッケージを作動させるために必要なすべてのパッケージがインストールされていないためにエラーメッセージが表示されることも多々あります。パッケージのインストールの際には、必ず「**`install.packages("パッケージ名", dependencies = TRUE)`**」のように入力するようにしましょう。

3.2 ロード時の方法およびエラーとその対処法

　ただし、アウトプットにこのメッセージを表示させたくないのであれば、次のようにチャンクオプションとして message = FALSE と入力すると、knit されたアウトプットからこのメッセージを消すことができます。

```
```{r, message = FALSE}
library(dplyr)
```
```

第 II 部

Rマークダウンを使った分析とアウトプット

第4章

Rマークダウンを使った実際の分析事例

4.1 データ（CSVファイル）の読み込み
4.2 記述統計
4.3 データの可視化（Data Visualization）
4.4 回帰分析とその結果の解釈
4.5 モンティ・ホールのシミュレーション
4.6 Birthday Paradox

第4章 Rマークダウンを使った実際の分析事例

　本章では、Rマークダウンを使って具体的にどのような分析や出力ができるのか、その実例をいくつか紹介します。本章ではとりわけ、Rを使った統計学・実証分析系の授業において課される課題に取り組む際に、必要最低限の知識であるRへのデータ（.csvファイル）の読み込み、読み込んだデータの記述統計の確認、データの可視化、回帰分析の実行方法とその結果の効果的な示し方について概説します。

　なお、本書の目的はRStudioの設定に費やす時間を最小限に抑え、快適にRマークダウンを使い始めるまでの最短の方法を提供することなので、統計学・実証分析に関する詳しい解説は行いません。

4.1 データ（CSVファイル）の読み込み

　実証分析を行うにあたって、まずはじめにデータをR環境に取り込む必要があります。データをRに取り込む方法はいくつもあります。R上で手入力によってデータフレームを作る方法や、Webサイトから情報を抽出する方法（Webスクレイピング）もあります。また、RにはTitanicやirisといった種々のデータセットがデフォルトで準備されています。ここでは、最も簡単かつ大学の授業などでも用いられる.csvファイル形式のデータの読み込みの方法を説明します。

　そのほかに、官公庁などで公表されているデータはしばしば.xlsxファイル（または.xlsファイル）形式で公表されており、.pdf形式で公表されているデータも少なくありません。このような形式のファイルを.csvファイルに変換する方法については「補論」で詳しく説明します。

4.1.1 CSVファイルを取り込むためのプロセス

RにCSVファイルを取り込むためのプロセスは次のとおりです。

> CSVファイルの取り込み

(1) RStudioを起動します。

(2) File → Recent Projects → practice を選択します。

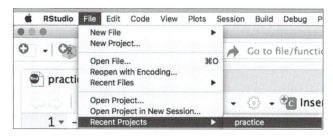

図4.1 Recent Projectを選択する

(3) 次のように、以前作成したpracticeプロジェクトで使ったpractice.Rmdファイルが表示されます[1]。

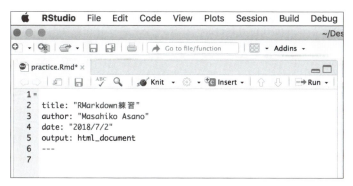

図4.2 以前作成したpracticeプロジェクトで使ったpractice.Rmdファイル

---

[1] 新しくプロジェクトを作成する場合は、「2.1　Rマークダウン：Windows 10」もしくは「2.2　Rマークダウン：Mac OS」を参照してください。

上記 **(2)** で選択した practice という名前のフォルダのことを「プロジェクト・フォルダ」や「working directory」と呼びます。プロジェクトは次のいずれかの方法で開くことができます。

- File → Recent Projects → practice を選択
- File → Open Project → いくつかのパスをたどり practice を選択
- プロジェクト・フォルダ内の practice.Rproj というアイコンをダブルクリック

RStudio を作動させる working directory が正しく設定されているかどうか、次のいずれかの方法で確かめることができます。

(1) Rmd ファイルにチャンクを作成し、チャンクに `getwd()` というコマンドを入力し、knit する

(2) Console に `getwd()` というコマンドを入力し、[Enter] キー（Windows の場合）もしくは [return] キー（Mac の場合）を押す

working directory とは、R マークダウンが作動しているフォルダのことです。ここでは、画面の右上に表示されている practice が working directory です。

R マークダウンはこの practice というフォルダからデータ分析に必要なデータや写真などのファイルを自動的に持ってくることを可能にしてくれます。したがって、今、どの working directory で R マークダウンを動かしているのかを常に確認し、把握しておくことが重要です。

「データを読み込めません」と言う学生のほとんどは、working directory を把握していないことが原因でこうしたトラブルが起きています。R マークダウンを使用する場合は、分析テーマごとに新たなプロジェクトを作成すると、プロジェクトごとに working directry をチェックする手間を省くことができ、簡単にデータを読み込むことができるので大変便利です。

もし図 4.2 のように practice.Rmd ファイルが画面の左上に表示されなければ、次の手順で対処します。

4.1 データ（CSVファイル）の読み込み

practice.Rmd ファイルが表示されない場合の対処法

(1) 4 分割された RStudio 画面の右下部分にある Files をクリックすると、第 3 章で作成したプロジェクト・フォルダのファイル一覧が表示されます。

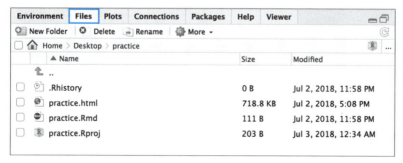

図 4.3　RStudio 画面の右下部分にある Files をクリックした画面

プロジェクト・フォルダには、次の 4 つのアイコンが入っているはずです。

- .Rhistory：コマンドの履歴を示すアイコン
- practice.html：practice.Rmd のアウトプット（出力）ファイル
- practice.Rmd：R マークダウンを設定するときに作成したファイル
- practice.Rproj：プロジェクトを開くときにクリックするアイコン

(2) practice.Rmd をクリックします。

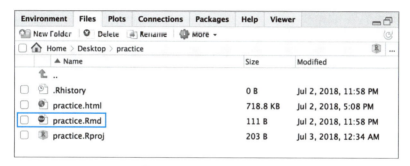

図 4.4　practice.Rmd を開く

practice.Rmd ファイルが画面左上に表示されるはずです。

次に、分析で使うデータを上記のプロジェクト・フォルダに入れますが、Windows 10 と Mac OS ではデータのダウンロードの方法とその保存方法が若干異なります。4.1.2 では Windows 10 での方法を、4.1.3 では Mac OS での方法を説明します。みなさんが使用している OS 環境に応じて、それぞれの説明を参照してください。

4.1.2 CSV ファイルのダウンロードと保存方法：Windows 10

Windows 10 でのダウンロードと保存方法は次のとおりです。

CSV ファイルのダウンロードと保存方法

(1) オーム社の Web ページ[2]から income.csv をダウンロードし、practice という名前をつけた RProject フォルダに保存します。パソコンをインターネットに接続した状態で上記サイトをクリックすると、Web ブラウザの画面左下に次のようなアイコンが表示されます。

図 4.5　ダウンロードした income.csv（Windows 10）

(2) タスクバーにある「エクスプローラー」（ここでは、下記画像の右から 3 番目のアイコン）をクリックします。

図 4.6　「エクスプローラー」をクリック

---

[2] 本書で使用したサンプルファイルは、オーム社 Web サイト（https://www.ohmsha.co.jp/）の書籍の詳細ページに記載しています。

(3) エクスプローラーのアイコンをクリックすると、次のようなエクスプローラーの画面が表示されます。

図 4.7　エクスプローラーの画面

(4) 画面左側に表示されている「ダウンロード」をクリックします。なお、この「ダウンロード」は、「クイックアクセス」の下に表示されるもの、「PC」の下に表示されるもの、どちらをクリックしても同じです。ここでは、「クイックアクセス」の下にある「ダウンロード」をクリックします。

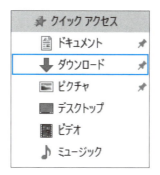

図 4.8　「クイックアクセス」の下に表示される「ダウンロード」

(5) 「ダウンロード」をクリックし、income.csv がフォルダ内にあることを確認します。

　Windows で何かファイルをインストールすると、自分で保存先を指定しない限り、この「ダウンロード」というフォルダにファイルが保存されます。

場合によってはincomeしか表示されていないこともあるかもしれませんが、これはファイルの種類を表す「拡張子」が表示されていないためです。.csvと.xlsxのように、似たようなインターフェイスでもファイル形式が異なるので、それぞれのファイルの種類を知り、適切な処理を行うために拡張子を表示するように設定を変更[3]することを強く推奨します。

図 4.9　ダウンロードされた income.csv

(6) 上記のように保存されていることが確認できたら、income.csv を右クリックし、「コピー」を選択します。

(7) デスクトップに戻り、先ほど作成した practice フォルダをダブルクリックして開き、このフォルダ内で右クリックし、「貼り付け」を選択します。こうして income.csv を practice フォルダに貼り付けます。貼り付けられていれば、次のようにフォルダ内に income.csv が追加されているはずです。

---

[3] Windows では、(1)「エクスプローラー」アイコンをクリック、(2)「表示」タブをクリックし、「オプション」を選択、(3)「表示」タブをクリックし、「登録されている拡張子は表示しない」のチェックを外して「OK」を選択する、あるいはエクスプローラーの「表示」タブの「表示/非表示」にある「ファイル名拡張子」にチェックを入れる、という手順で表示可能です。なお、.xlsx と .csv の違い、.xlsx から .csv への変換については「補論」で説明します。

4.1 データ（CSV ファイル）の読み込み

図 4.10　practice フォルダ内に追加された income.csv（Windows 10）

4.1.3 CSV ファイルのダウンロードと保存方法：Mac OS

Mac OS でのダウンロードと保存方法は次のとおりです。

CSV ファイルのダウンロードと保存方法

(1) オーム社の Web ページ[4]から income.csv をダウンロードし、practice という名前をつけた RProject フォルダに保存します。パソコンをインターネットに接続した状態で上記サイトをクリックすると、Web ブラウザの画面左下に次のようなアイコンが表示されます。

図 4.11　ダウンロードした income.csv（Mac）

(2)「ダウンロード」フォルダに income.csv があるのを確認したら 2 本指でトラックパッドにタッチ（もしくは［control］キーを押しながらクリック）すると、次のような画面が表示されるので、「"income.csv" をコピー」を選択します。

---

[4] 本書で使用したサンプルファイルは、オーム社 Web サイト（https://www.ohmsha.co.jp/）の書籍の詳細ページに記載しています。

第 4 章　R マークダウンを使った実際の分析事例

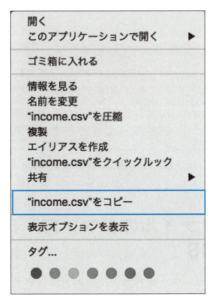

図 4.12　ダウンロードした income.csv をコピー

(3) デスクトップに戻り、先ほど作成した practice フォルダをダブルクリックして開き、このフォルダ内で 2 本指でトラックパッドにタッチ（もしくは［control］キーを押しながらクリック）し、「項目をペースト」を選択します。こうして income.csv を practice フォルダに貼り付けます。貼り付けられていれば、次のようにフォルダ内に income.csv が追加されているはずです。

図 4.13　practice フォルダ内に追加された income.csv（Mac）

4.1.4 CSV ファイルの読み取り

ここでは、ダウンロードしてプロジェクト・フォルダにコピーした CSV ファイルの読み取り方法を説明します。

> **CSV ファイルの読み取り**

(1) CSV を R に読み込むためのパッケージである readr パッケージをインストールします。4 分割された RStudio の画面左下の Console をクリックし、install.packages("readr", dependencies = TRUE) と入力します。

図 4.14　readr パッケージのインストール

(2) 正しく入力し終わったら、[Enter] キー（Windows の場合）もしくは [return] キー（Mac の場合）を押します。readr パッケージのインストールが終わったら、次は readr パッケージをロードします。

(3) RStudio の 4 分割された左上の画面（Rmd ファイル）の 8 行目にカーソルを置いた状態で Insert アイコンを選択し R をクリックすると、次のようなチャンクが表示されます。

第 4 章　R マークダウンを使った実際の分析事例

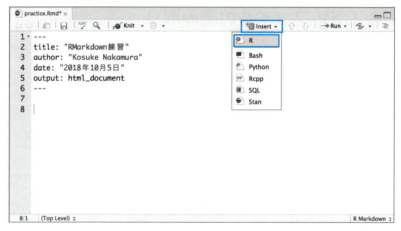

図 4.15　Insert から R を選ぶ

(4) チャンクの中に library(readr) と入力します[5]。

```{r}
library(readr)
```

(5) Knit をクリックすると、入力内容が画面の右側に出力されます。4 分割された画面の右側に出力されている画面に library(readr) と表示されていれば、readr パッケージがロードされていることになります。

図 4.16　readr パッケージをロードする

(6) Insert アイコンを選び R をクリックして新たなチャンクを作り、その中に

---

[5] コマンドは、library(readr) と library("readr") のどちらでもかまいません。

4.1 データ（CSV ファイル）の読み込み

次のコマンドを入力します[6]。このコマンドは、読み込んだデータセットに income という名前をつけるという意味です。

```
income <- read_csv("income.csv")
```

(7) knit すると右側に次のような画面が表示されているはずです。

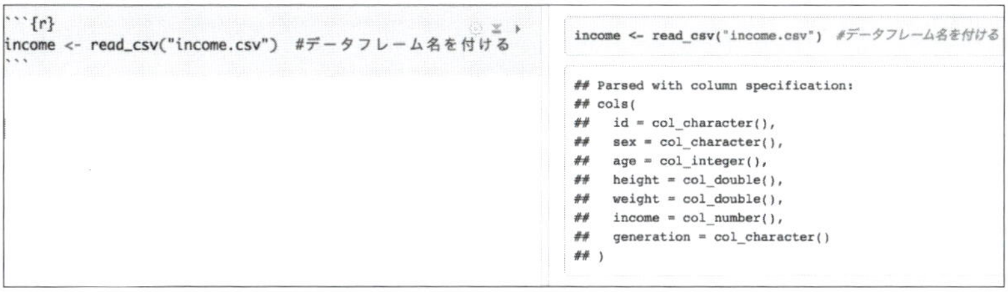

図 4.17　income.csv を読み込んだときの出力画面

出力画面に表示されている 2 つのシャープで始まる 10 行のメッセージを非表示にしたければ、チャンクオプションとして {r, message = FALSE} を入力します。

```
```{r, message = FALSE}
income <- read_csv("income.csv")
```
```

図 4.18　income.csv を読み込んだときの出力画面（メッセージを非表示）

10 行のメッセージが非表示になっていることがわかります。

---

[6] income.csv を RStudio に取り込み、income というデータフレーム名をつけます。なお、シャープ記号「#」の後ろは、RStudio からはコマンドとして認識されません。これは、「今自分が打ったコマンドはこういう作業をしていますよ」という備忘録（コメント）のようなもので、「コメントアウト（comment out）」と呼ばれています。あとで見返しても自分が何をしたのかがわかるし、他者にもわかりやすく伝えるためにも、コメントを入れることは極めて有用です。

読み込まれたデータがどのようになっているのか確認したい人もいるでしょう。そんなときに有用なのが、データフレームの上6行のみを表示させるhead(データフレーム名) というコマンドです。ここでは、新たに作ったチャンクに head(income) と入力してみます[7]。

```
head(income) # データフレームの上6行のみを表示させる
```

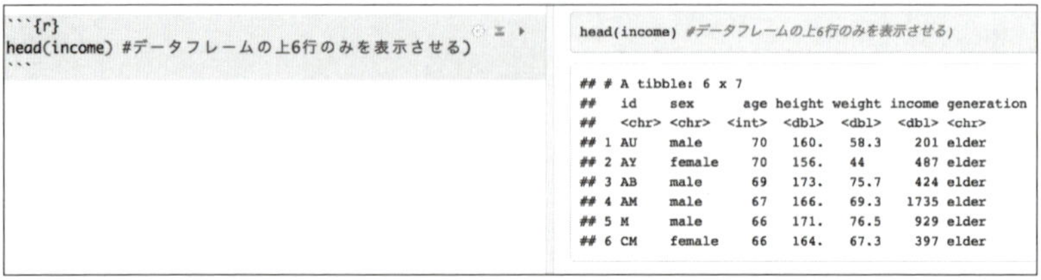

図 4.19　データフレーム income の冒頭 6 行を表示

ここでは、右側に表示された行の初めにシャープ記号が 2 個ずつ表示されています。これを表示しないほうがすっきりとし、きれいに表示されるため、チャンクオプションとして {r, comment = ""} を次のように入力します。

```
```{r, comment = ""}
head(income)
```
```

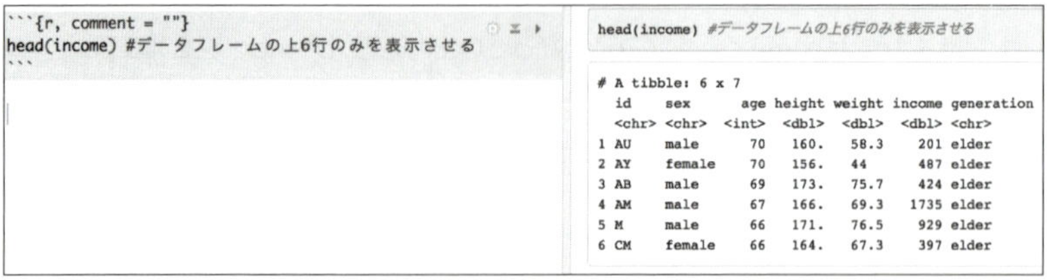

図 4.20　# を非表示にしたデータフレーム income

---

[7] デフォルトでは上 6 行を表示する設定になっていますが、データフレーム名の横に、head(income, 5) のように「, 数字」と入力すると、上から任意の数字の行数（この場合だと 5 行）を表示することができます。

次に、incomeに含まれるすべての変数名を表示させたいときのコマンドを紹介します。names(データフレーム名)を入力すると、データフレームに含まれるすべての変数名を表示することができます。

```
names(income) # incomeに含まれるすべての変数名
```

図 4.21　データフレーム income に含まれるすべての変数名

出力画面には ## が表示されていますが、非表示にしたければ、{r, comment = ""} というチャンクオプションを加えます。

観測数と変数の数を表示させたければ、次のコマンドを入力します。

```
dim(income) # incomeに含まれる観測数と変数の数を表示させる
```

図 4.22　観測数と変数の数を表示

観測数は 100 で、変数が 7 つあることがわかります[8]。

これで income.csv を RStudio 上で読み取り、income というデータフレーム名をつけることができました。

---

[8] このデータの構造は data.frame であり、7 つの変数それぞれの種類（整数：integer、ファクター：factor、数字：numeric、文字：chracter、実数：doubles）がわかります。

4.2 記述統計

データをRに読み込み、生のデータだけを見ても、そのデータがどのような特徴を持っているのかはよくわかりません。記述統計（Descriptive Statistics）という形でデータの平均値、中央値、最大値、最小値などを確認することで、読み込んだデータがどのような特徴を持っているのかを把握することができます。

本節ではまず、Rでどのように記述統計を表示するのかを説明し、さらに、その記述統計をわかりやすく表の形にまとめる**stargazer**パッケージの使い方について説明します。

前節では、income.csvファイルを読み取り、incomeという名前をつけました。そこで、データフレームincomeの記述統計を表示させます。

```
summary(income) # income の記述統計を表示させる
```

```
      id                sex                age            height
 Length:100        Length:100         Min.   :20.00   Min.   :148.0
 Class :character  Class :character   1st Qu.:36.00   1st Qu.:158.1
 Mode  :character  Mode  :character   Median :45.00   Median :162.9
                                      Mean   :45.96   Mean   :163.7
                                      3rd Qu.:57.25   3rd Qu.:170.2
                                      Max.   :70.00   Max.   :180.5
     weight          income         generation
 Min.   :28.30   Min.   :  24.0   Length:100
 1st Qu.:48.95   1st Qu.: 134.8   Class :character
 Median :59.95   Median : 298.5   Mode  :character
 Mean   :59.18   Mean   : 434.4
 3rd Qu.:67.33   3rd Qu.: 607.2
 Max.   :85.60   Max.   :2351.0
```

図 4.23　incomeの記述統計を表示

4.2 記述統計

ここでは変数ごとに次のような情報が表示されています。

- Min.：最小値
- 1st Qu.：第 1 四分位（1st Quantile：25%）
- Median：中央値（median：50%）
- Mean：平均値（mean）
- 3rd Qu.：第 3 四分位（3rd Quantile：75%）
- Max.：最大値

4.2.1 stargazer パッケージのインストール方法

stargazer パッケージを使うとより見やすい記述統計を表示できます。

stargazer パッケージのインストール

(1) stargazer パッケージをインストールします。4 分割された RStudio の左下画面の Console タブで `install.packages("stargazer", dependencies = TRUE)` と入力後、[Enter] キー（Windows の場合）もしくは [return] キー（Mac の場合）を押します。

```
'demo()' と入力すればデモをみることができます。
'help()' とすればオンラインヘルプが出ます。
'help.start()' で HTML ブラウザによるヘルプがみられます。
'q()' と入力すれば R を終了します。

> install.packages("stargazer", dependencies = TRUE)
```

図 4.24　stargazer パッケージをインストールするコマンド

第 4 章　R マークダウンを使った実際の分析事例

(2) 次のような画面が表示されたら、インストールは完了です。

```
> install.packages("stargazer", dependencies = TRUE)
 URL 'https://cran.rstudio.com/bin/macosx/el-capitan/contrib/3.5/stargazer_5.2.2
.tgz' を試しています
Content type 'application/x-gzip' length 619424 bytes (604 KB)
==================================================
downloaded 604 KB


The downloaded binary packages are in
/var/folders/hz/_mfwk0rx0v59kfntn177nx680000gn/T//RtmpA1x53p/downloaded_packages
> |
```

図 4.25　stargazer パッケージのインストール終了画面の一例

上記以外に、たとえば次のような画面が表示された場合は、インストールが失敗している可能性があります。

```
> install.packages("stargazer", dependencies = TRUE)
 URL 'https://cran.rstudio.com/bin/macosx/el-capitan/contrib/3.5/stargazer_5.2.
2.tgz' を試しています
Warning in install.packages :
  URL 'https://cran.rstudio.com/bin/macosx/el-capitan/contrib/3.5/stargazer_5.2
.2.tgz': status was 'Couldn't resolve host name'
Error in download.file(url, destfile, method, mode = "wb", ...) :
   URL 'https://cran.rstudio.com/bin/macosx/el-capitan/contrib/3.5/stargazer_5.
2.2.tgz' を開けません
Warning in install.packages :
  download of package 'stargazer' failed
> |
```

図 4.26　stargazer パッケージのインストールが失敗した画面の一例

画面右上の Packages をクリックすると、パソコンにインストールされているパッケージ一覧が表示されます。この中に stargazer があれば、正常にインストールされたことになります。

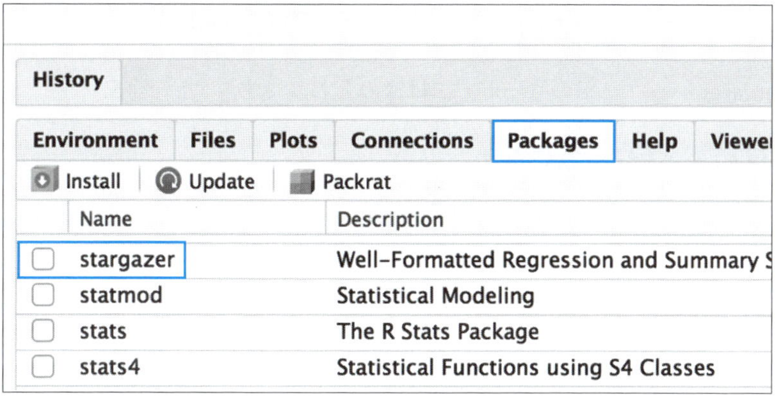

図 4.27　stargazer パッケージのインストール成否の確認

4.2.2 想定されるエラーの原因とその解決策

インストール時のエラーの原因としては、次のようなことが考えられます。

- **インターネット接続が不安定である**

  解決策 良好なインターネットの接続状況を確保してから再度インストールを試みる。

- **インターネット接続自体にセキュリティ規制がかけられている**

  大学や会社のインターネット接続のセキュリティのレベル次第でスムーズにパッケージがインストールできる場合とできない場合があります。

  解決策 インターネットを切断し、インターネットの接続先を変更する、あるいは携帯電話などのテザリング接続などにより再度インストールを試みる。

stargazer のインストールが終わったら、次は stargazer をロードします。

4.2.3 stargazer パッケージのロード

stargazer パッケージのロード方法は次のとおりです。

> stargazer パッケージのロード

(1) 4 分割された RStudio の左上画面（Rmd ファイル）にカーソルを置いた状態で Insert をクリックし R を選択すると、「チャンク」が表示されます。

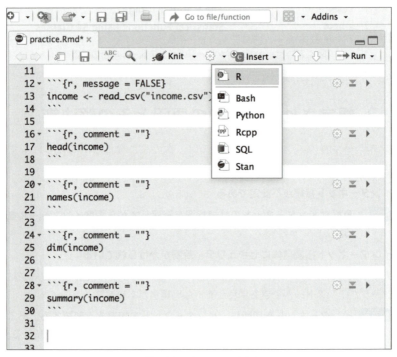

図 4.28　チャンクの表示

(2) チャンクの中に library(stargazer) と入力し Knit をクリックすると、次の画面が表示されます[9]。

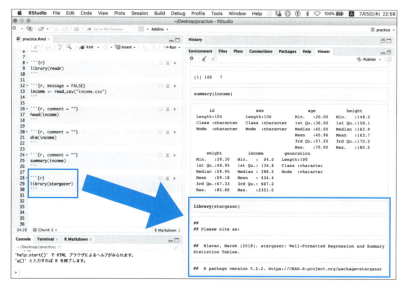

図 4.29　チャンクの場所と出力画面の場所

(3) 新たなチャンクを作り、次のように入力します。チャンクオプションには、{r, results = "asis"} と指定します。このチャンクオプションは、R マークダウンで HTML 形式で出力するために必要です。

```
```{r, results = "asis"}
stargazer(as.data.frame(income),
    type = "html")
```
```

---

[9] コマンドは、library(stargazer) と library("stargazer") のどちらでもかまいません。Knit をクリックすると、4 分割された左上画面の（Rmd ファイル）に入力した内容が、右下画面に出力されています。4 分割された右下画面に library(stargazer) もしくは library("stargazer") と表示されていれば、stargazer というパッケージがロードされたことになります。シャープ記号「#」から始まる 5 行のメッセージを非表示にしたければ、チャンクオプションで {r, message = FALSE} と入力します。

(4) 次のように記述統計の表が表示されます。

Statistic	N	Mean	St. Dev.	Min	Pctl(25)	Pctl(75)	Max
age	100	45.960	13.331	20	36	57.2	70
height	100	163.746	7.692	148.000	158.100	170.175	180.500
weight	100	59.179	12.647	28.300	48.950	67.325	85.600
income	100	434.400	445.777	24	134.8	607.2	2,351

図 4.30　stargazer パッケージを使った記述統計の出力例

(5) これでは左右の数値が近すぎて見にくいので、スタイルを指定するコマンドを付け加えて knit すると、次のように均等に配置された記述統計が表示されます。スタイルを指定した <style> と </style> で囲まれた 12 行はチャンクの外に入力します。

````
```{r, results = "asis"}
stargazer(as.data.frame(income),
    type = "html")
```

<style>

table, td, th {
  border: none;
  padding-left: 1em;
  padding-right: 1em;
  min-width: 50%;
  margin-left: auto;
  margin-right: auto;
  margin-top: 1em;
  margin-bottom: 1em;
}

</style>
````

Statistic	N	Mean	St. Dev.	Min	Pctl(25)	Pctl(75)	Max
age	100	45.960	13.331	20	36	57.2	70
height	100	163.746	7.692	148.000	158.100	170.175	180.500
weight	100	59.179	12.647	28.300	48.950	67.325	85.600
income	100	434.400	445.777	24	134.8	607.2	2,351

図 4.31　stargazer パッケージを使った記述統計の出力例（スタイル指定）

4.3 データの可視化 (Data Visualization)

　前節では、データの特徴を捉えるために、記述統計の表示方法を説明しました。しかし、数字を見てもよくわからない、あるいは、そもそも数字にアレルギーを持っている人も少なくないでしょう。また、ビジネス、行政、学術機関、メディアなどのあらゆる現場において、データがあふれ、膨大なデータの背景にある情報を効果的に伝える観点からも、データの可視化（**Data Visualization**）は極めて有効な手段といえます。

　ここでは、データの可視化を行うことで、より直感的にデータの特徴を捉えることができる手法を紹介します。本節では（1）ヒストグラム、（2）幹葉図、（3）箱ひげ図、（4）散布図、（5）折れ線グラフの5つの代表的な Data Visualization の手法を紹介します。

4.3.1 Data Visualization（1）：ヒストグラム

　ヒストグラム（Histogram）とは、縦軸に度数、横軸に階級をとった統計グラフの一種で、連続変数（Numeric Variable）を図示するときに使います。観測値の数が少なければ、のちほど紹介する幹葉図が効果的ですが、**大規模なデータセットを視覚的に示すにはヒストグラムが便利**です。

　まず、前節で作ったプロジェクトのアイコンをダブルクリックし、プロジェクトを開きます。開いたら、4分割された画面の右下にある Files をクリックしてプロジェクト・フォルダの中に、ダウンロードした income.csv があることを確認します。以前使った、practice.Rmd ファイルでもいいですし、新たに Rmd ファイルを開き、Rmd ファイル上で新たなチャンクを作り、次のコマンドを打ち込んでもかまいません。

ここではデータファイル income に含まれる 1 つの変数である height をヒストグラムで表してみます。

```
par(family="HiraKakuProN-W3")    # Windowsを使用している人はこのコマンドは
不要
hist(income$height, freq = FALSE, # 確率密度でなく観測数を表示するなら
freq = TRUE
     xlab = "身長",
     ylab = "確率密度",
     main = "身長の分布")
```

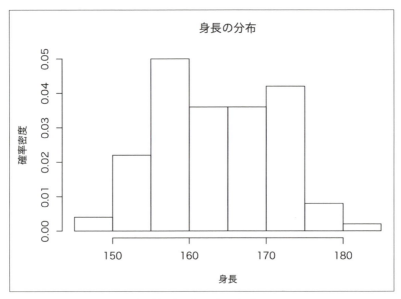

図 4.32　height のヒストグラム

　Mac で日本語フォントを使用する際、文字化けが起こり、軸ラベルなどにせっかく入力した文字が正しく表示されないことがあります。そこで、上記のヒストグラムを作成する際に、par(family="HiraKakuProN-W3") と指定しました。「HiraKakuProN-W3」は、Mac のフォントの 1 つです。

　ヒストグラムのグラフの柱（棒）のことを **bin** と呼びます。それぞれの bin

4.3 データの可視化 (Data Visualization)

の面積は，それぞれの bin に該当する観測数の割合を示します。ggplot2 パッケージ[10]を使うと，さらに多様なヒストグラムを作ることができます。たとえば，bin 数を 10 個にして bin の色を青色 ("blue") に指定してみます。また，Mac 版では，日本語フォント対応として theme_classic(base_family="HiraKakuPro-W3") を付け加えると，日本語を表示できます[11]。なお，theme_classic は，グラフの背景を白くするためのコマンドです。こちらもさまざまなテーマがあるので，インターネットで検索し，適宜，自分の好みに応じて変更してみるとよいでしょう。

```
library(ggplot2) # ggplot2パッケージをロードする

ggplot(income, aes(height)) +
  geom_histogram(aes(y = ..density..), # y 軸を density にする
                 bins = 10,        # bin の数を10に指定
                 colour = "grey",  # bin の枠線の色を指定
                 fill = "blue") +  # bin の中の色を指定
  labs(title = "身長の分布", x = "身長", y = "確率密度") +
  theme_classic(base_family="HiraKakuPro-W3") # Windowsの人はこの行を↵
theme_classic()にする
```

---

[10] ggplot2 パッケージのインストールを行っていない場合は，第 3 章を参考にインストールを行ってください。
[11] 以降，ggplot2 パッケージを用いて作図を行う際，断りなく theme_classic(base_family="HiraKakuPro-W3") を付け加えます。

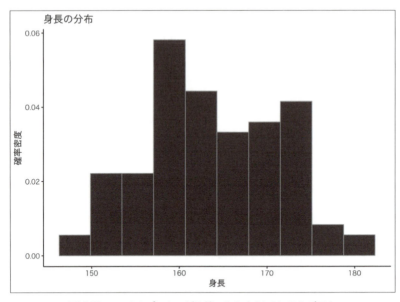

図 4.33　ggplot パッケージを使った height のヒストグラム

　R は、多くの種類の色を指定したり、ヒストグラムの背景にも色をつけたり、罫線を引いたりすることもできます。これは、ほかの統計用ソフトウェアではできない機能でもあり、R ならではのメリットです。自分好みに、また、より多くの人に伝わりやすいような効果的なアレンジを加えてみるのも面白いので、自分で設定をあれこれと変えて、ぜひ「遊んで」みてください。Console で colors() と入力すると、R で指定できる 657 種類の色一覧が表示されます。

4.3.2 Data Visualization（2）：幹葉図

　幹葉図（みきはず、かんようず、Stem-and-leaf plot）を使うと、ヒストグラムよりもさらに詳細な情報を表示できます。

```
stem(income$height) # チャンクオプションに comment = "" を指定
```

4.3 データの可視化（Data Visualization）

```
The decimal point is 1 digit(s) to the right of the |

14 | 88
15 | 001112334
15 | 5556677778888889999999
16 | 00001112222233333344 4
16 | 556666777778999999
17 | 0001111222233333344
17 | 5555889
18 | 1
```

図 4.34　height の幹葉図（1）

　幹葉図の階級の数は scale で調整できます。default は 1 なので、ここではその半分の 0.5 に指定してみます。

```
stem(income$height, scale = 0.5)   # チャンクオプションに comment = "" を
指定
```

```
The decimal point is 1 digit(s) to the right of the |

14 | 88
15 | 00111233455566777788888899999999
16 | 000011122222333334445566667777 8999999
17 | 00011112222333333445555889
18 | 1
```

図 4.35　height の幹葉図（2）

　男性だけの身長の幹葉図を表示してみます。データフレーム income の変数 sex の値が male の場合だけを抜き出すため、dplyr パッケージをロードします[12]。

---

[12] dplyr パッケージがインストールされていない場合は、第 3 章の「R packages のセットアップ」を参考にインストールしてください。

```
library(dplyr)  # dplyrパッケージをロードする
```

dplyr パッケージ中の filter() 関数を使って、データフレーム income の変数 sex の値が male だけを抜き出し、そのデータフレームに male.df という名前をつけます。そして、男性だけのデータを抜き出して作成したデータフレーム male の幹葉図を表示させます。

```
male <-  income %>%
  filter(income, sex == "male")
with(male, stem(height, scale = 0.5)) # stem(male$height, scale = 0.5)も可
```

```
  The decimal point is 1 digit(s) to the right of the |

  15 | 6889
  16 | 0002233344
  16 | 6677779999
  17 | 001111222233333344
  17 | 5555889
  18 | 1
```

図 4.36　height（男性）の幹葉図

4.3.3 Data Visualization（3）：箱ひげ図

income というデータフレームに含まれる height を男女別に箱ひげ図（Box Plot）で示してみます。

```
ggplot(income, aes(x = sex, y= height)) +
  geom_boxplot() +
  labs(x = "性別", y = "身長") +
  scale_x_discrete(labels=c("女性", "男性")) +
  theme_classic(base_family="HiraKakuPro-W3") # Windowsの人はこの行を ↵
theme_classic()にする
```

4.3 データの可視化（Data Visualization）

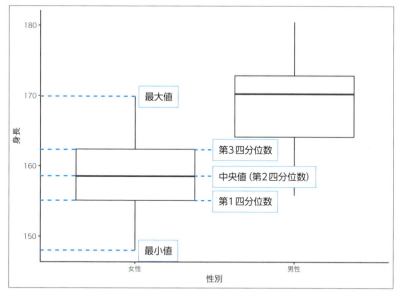

図 4.37　男女別身長の箱ひげ図（縦）

男性のほうが女性より明らかに身長が高いことが視覚的にわかります。

coord_flip() 関数を使うと、箱の向きを縦横に回転（フリップ）させて表示することもできます。

```
ggplot(income, aes(x = sex, y= height)) +
  geom_boxplot() +
  coord_flip() +
  labs(x = "身長", y = "性別") +
  scale_x_discrete(labels=c("女性", "男性")) +
  theme_classic(base_family="HiraKakuPro-W3") # Windowsの人はこの行を ↵
theme_classic()にする
```

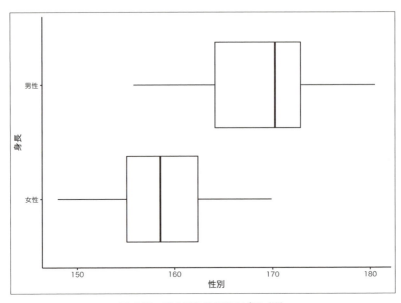

図 4.38　男女別身長の箱ひげ図（横）

箱ひげ図と似ていますが、geom_violin() 関数を使うと、視覚的により詳細な分布状態を比較することもできる。バイオリンプロット（Violin Plot）を作成することができます。

```
ggplot(income, aes(x = sex, y= height)) +
  geom_violin() +
  geom_point() +
  labs(x = "性別", y = "身長") +
  scale_x_discrete(labels=c("女性", "男性")) +
  theme_classic(base_family="HiraKakuPro-W3") # Windowsの人はこの行を
theme_classic()にする
```

4.3 データの可視化（Data Visualization）

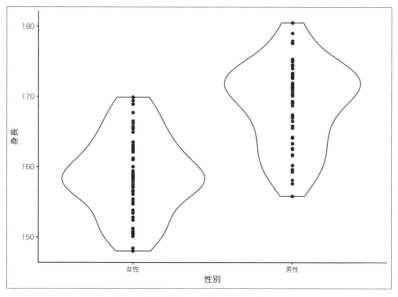

図 4.39　男女別身長のバイオリンプロット

4.3.4 Data Visualization（4）：散布図

　ここまで、1つの量的変数の可視化を行ってきましたが、2つの量的変数の関係を可視化するためには**散布図**（**Scatter Plot**）が適しています。一方の量的変数をx軸に、そしてもう一方の量的変数をy軸にとり、2次元上で2変数の関係を示したのが散布図です。

　ここでは、income に含まれている2変数、height（身長）と weight（体重）の関係を散布図で示してみます。

```
ggplot(income, aes(height, weight)) +
  geom_point() +
  labs(x = "身長", y = "体重") +
  theme_classic(base_family="HiraKakuPro-W3") # Windowsの人はこの行を↵
theme_classic()にする
```

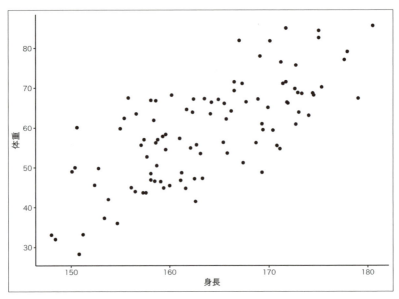

図 4.40　身長と体重の散布図

　`stat_smooth(method = lm)` と指定することで、散布図中に回帰直線を引くことができます。

```
ggplot(income, aes(height, weight)) +
  geom_point() +
  stat_smooth(method = lm) + # 99%信頼区間なら => (method = lm, level = 0.99)
  labs(x = "身長", y = "体重") +
  theme_classic(base_family="HiraKakuPro-W3") # Windowsの人はこの行を↵
theme_classic()にする
```

4.3 データの可視化（Data Visualization）

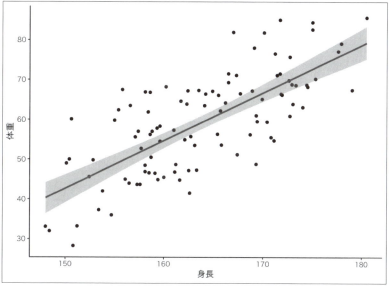

図 4.41　身長と体重の散布図（信頼区間）

95％信頼区間を非表示にしたければ se = FALSE を追加し、stat_smooth (method = lm, se = FALSE) と入力します。

```
ggplot(income, aes(height, weight)) +
  geom_point() +
  stat_smooth(method = lm, se = FALSE) + # 99%信頼区間なら => (method = lm, level = 0.99)
  labs(x = "身長", y = "体重") +
  theme_classic(base_family="HiraKakuPro-W3") # Windowsの人はこの行を↵
theme_classic()にする
```

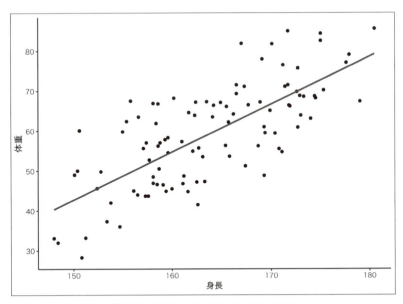

図 4.42 身長と体重の散布図（回帰直線）

散布図上に表示された観測点がそれぞれ何を表しているかを表示することもできます。ここでは変数の 1 つである id を散布図上に表示してみます。

- id を観測値の上側に表示させたいときには vjust = 0 を使う
- y = weight + 任意の数字（ここでは 1）を使って観測値と id の距離を調整する

```
ggplot(income, aes(height, weight)) +
  geom_point() +
  stat_smooth(method = lm, se = FALSE) +
  geom_text(aes(y = weight + 1, label = id), size = 3, vjust = 0) +
  labs(x = "身長", y = "体重") +
  theme_classic(base_family="HiraKakuPro-W3") # Windowsの人はこの行を
theme_classic()にする
```

4.3 データの可視化 (Data Visualization)

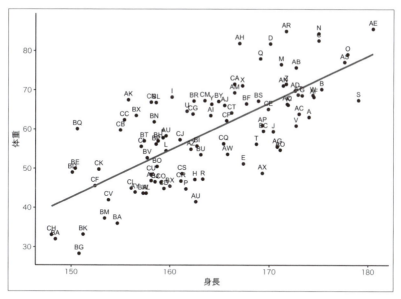

図 4.43 身長と体重の散布図(観測点)

上記の散布図から、身長の高い人ほど体重が重い傾向があることがわかります。次に、表示されるドットの「形」で男女を分けてみます。

```
ggplot(income, aes(x = height, y = weight, shape = sex)) +
  geom_point(size = 2) +
  labs(x = "身長", y = "体重") +
  theme_classic(base_family="HiraKakuPro-W3") # Windowsの人はこの行を↵
theme_classic()にする
```

第 4 章　R マークダウンを使った実際の分析事例

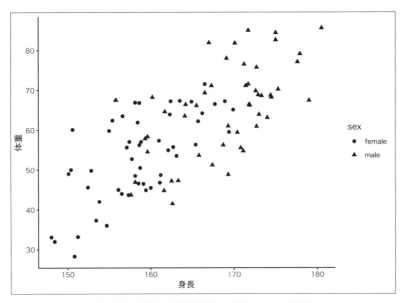

図 4.44　身長と体重の散布図（男女ドットの形別）

次に、男女別に色分けして、それぞれの回帰直線を引いてみます。ここでは、女性はトマト色、男性は水色に自動的に指定されています[13]。

```
ggplot(income, aes(height, weight)) +
  geom_point(aes(color = sex)) +
  geom_smooth(method = lm, se = FALSE, aes(color = sex)) +
  labs(x = "身長", y = "体重") +
  theme_classic(base_family="HiraKakuPro-W3") # Windowsの人はこの行を
theme_classic()にする
```

---

[13] 本書はカラーではないため、男性を表す水色のみを色づけしています。

4.3 データの可視化 (Data Visualization)

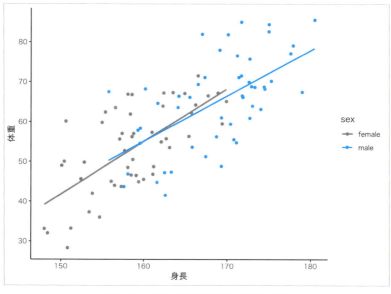

図 4.45　身長と体重の散布図（男女色別）

白黒だけで男女の差を表したいときには、scale_color_grey() 関数を使って黒の濃淡で男女差を表すことができます。

```
ggplot(income, aes(height, weight)) +
  geom_point(aes(color = sex)) +
  geom_smooth(method = lm, se = FALSE, aes(color = sex)) +
  scale_color_grey() +
  labs(x = "身長", y = "体重") +
  theme_classic(base_family="HiraKakuPro-W3") # Windowsの人はこの行を
theme_classic()にする
```

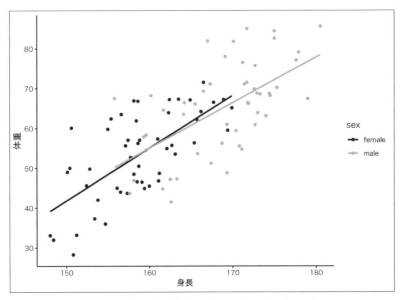

図 4.46　身長と体重の散布図（男女ドットの濃淡別）

　上記の散布図からは、男女とも身長が高ければ体重も重いという傾向があるものの、その傾向は若干ながらも女性のほうが大きい（傾きが大きい）ことがわかります。

4.3.5 Data Visualization（5）：折れ線グラフ（1）

　ggplot2 パッケージを用いると、折れ線グラフを描くこともできます。

　ここでは R に組み込まれている gapminder というデータセットを使って、世界各国の平均寿命の折れ線グラフを描いてみます。データセットに含まれる変数は次のとおりです。

- country：国名
- continent：大陸名
- lifeExp：寿命平均

4.3 データの可視化（Data Visualization）

- pop：人口
- gdpPercap：1人当たりGDP
- year：1952-2007（5年ごと）

まず、Consoleに下記を入力し、gapminderをインストールしましょう。

```
install.packages("gapminder", dependencies = TRUE)
```

次に、分析に必要なパッケージgapminderをロードします。

```
library(gapminder)
```

data()関数とglimpse()関数を使って、Rに組み込まれているデータセットgapminderの様子をのぞき見（glimpse）してみます。

```
data(gapminder)
glimpse(gapminder)
```

```
Observations: 1,704
Variables: 6
$ country   <fct> Afghanistan, Afghanistan, Afghanistan, Afghanistan, ...
$ continent <fct> Asia, Asia, Asia, Asia, Asia, Asia, Asia, Asia...
$ year      <int> 1952, 1957, 1962, 1967, 1972, 1977, 1982, 1987, 1992...
$ lifeExp   <dbl> 28.801, 30.332, 31.997, 34.020, 36.088, 38.438, 39.8...
$ pop       <int> 8425333, 9240934, 10267083, 11537966, 13079460, 1488...
$ gdpPercap <dbl> 779.4453, 820.0530, 853.1007, 836.1971, 739.9811, 78...
```

図4.47　データセットgapminderをのぞき見する

データセットには1,704の観測値（Observations）があり、変数（Variables）が6つあることがわかります。< >内はそれぞれ変数の種類（factor、integer、doubles）を表しています。

head()関数とtail()関数を使って、データgapminderの最初と終わりの6行だけ表示してみます。

```
head(gapminder)
```

```
# A tibble: 6 x 6
  country     continent  year lifeExp      pop gdpPercap
  <fct>       <fct>     <int>   <dbl>    <int>     <dbl>
1 Afghanistan Asia       1952    28.8  8425333      779.
2 Afghanistan Asia       1957    30.3  9240934      821.
3 Afghanistan Asia       1962    32.0 10267083      853.
4 Afghanistan Asia       1967    34.0 11537966      836.
5 Afghanistan Asia       1972    36.1 13079460      740.
6 Afghanistan Asia       1977    38.4 14880372      786.
```

図 4.48　データ gapminder の初めの 6 行

```
tail(gapminder)
```

```
# A tibble: 6 x 6
  country  continent  year lifeExp      pop gdpPercap
  <fct>    <fct>     <int>   <dbl>    <int>     <dbl>
1 Zimbabwe Africa     1982    60.4  7636524      789.
2 Zimbabwe Africa     1987    62.4  9216418      706.
3 Zimbabwe Africa     1992    60.4 10704340      693.
4 Zimbabwe Africa     1997    46.8 11404948      792.
5 Zimbabwe Africa     2002    40.0 11926563      672.
6 Zimbabwe Africa     2007    43.5 12311143      470.
```

図 4.49　データ gapminder の終わりの 6 行

このデータセットにはアフガニスタンからジンバブエまでの時系列データ（各国のデータを複数の年次ごとに集めたもの）が収められていることがわかります。次に、データセット gapminder の記述統計量を表示させてみます。

```
summary(gapminder)
```

4.3 データの可視化（Data Visualization）

```
     country      continent      year        lifeExp
Afghanistan: 12  Africa  :624  Min.   :1952  Min.   :23.60
Albania    : 12  Americas:300  1st Qu.:1966  1st Qu.:48.20
Algeria    : 12  Asia    :396  Median :1980  Median :60.71
Angola     : 12  Europe  :360  Mean   :1980  Mean   :59.47
Argentina  : 12  Oceania : 24  3rd Qu.:1993  3rd Qu.:70.85
Australia  : 12                Max.   :2007  Max.   :82.60
(Other)    :1632
     pop              gdpPercap
Min.   :6.001e+04  Min.   :   241.2
1st Qu.:2.794e+06  1st Qu.:  1202.1
Median :7.024e+06  Median :  3531.8
Mean   :2.960e+07  Mean   :  7215.3
3rd Qu.:1.959e+07  3rd Qu.:  9325.5
Max.   :1.319e+09  Max.   :113523.1
```

図 4.50　データ gapminder のサマリー

　year、lifeEx、pop、gdpPercap のように変数の種類が整数や実数などの数値データであれば、サマリーでは最小値、最大値、平均値などの記述統計が示されます。他方、country や continent のように変数の種類がファクターの場合であれば、カテゴリカル変数のような扱いで変数に含まれる質的情報（この場合であれば、国名や大陸名）とそのケース数が表示されます。

　table() 関数を使って、データセットに収納されている国の一覧を表示してみます。

```
table(gapminder$country)
```

Afghanistan	Albania	Algeria
12	12	12
Angola	Argentina	Australia
12	12	12
Austria	Bahrain	Bangladesh
12	12	12
Belgium	Benin	Bolivia
12	12	12

図 4.51　データ gapminder に収納されている国一覧

　たとえば、「Afghanistan 12」というのは、この場合であれば「アフガニスタンに関して12年分のデータがある」ということを意味しています。この情報から、データセット gapminder にはアフガニスタンからジンバブエまで、さまざまな国のデータがそれぞれ12年分ずつ納められているということがわかります。

　さて、ここで日本と中国の平均寿命に関して次のようなグラフを時系列で描きたいとします。

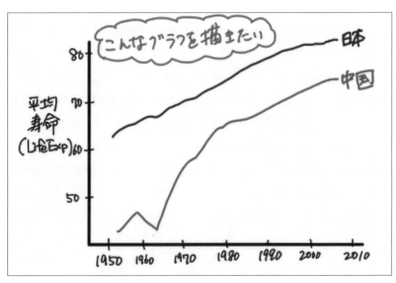

図 4.52　イメージ（こんなグラフを描きたい）

ここで必要なデータは次の3つです。

- year：1952-2007（5年ごと）
- lifeExp：（寿命平均）
- 国名：(country)

平均寿命の時系列データ（日本人）

まず、filter()関数を使って日本人のデータだけを抜き出し、select()関数を使って分析に必要な2つの変数(yearとlifeExp)を抜き出し、Japanというデータフレーム名をつけます。

まず、分析に必要なパッケージdplyrをロードします。

```
library(dplyr)

Japan <- gapminder %>%
  filter(country == "Japan") %>%
  select(year, lifeExp) # year と lifeExp だけを抜き出す
```

抜き出したデータと変数の中身を表示して確認してみます。

```
Japan
```

> **COLUMN　平均寿命とは……**
>
> その年の死亡率が現状のまま変わらないと仮定したうえで死亡状況の平均をとり、同じ年に生まれた子どもが何年生きられるか推計したものを指します。

```
# A tibble: 12 x 2
    year lifeExp
   <int>   <dbl>
 1  1952    63.0
 2  1957    65.5
 3  1962    68.7
 4  1967    71.4
 5  1972    73.4
 6  1977    75.4
 7  1982    77.1
 8  1987    78.7
 9  1992    79.4
10  1997    80.7
11  2002    82
12  2007    82.6
```

図 4.53　抜き出した日本人の寿命データ

　これで折れ線グラフを描くために必要なデータは揃ったので、まず、日本人の寿命の変遷だけを時系列的に表示してみます。分析に必要なパッケージ ggplot2 をロードします。

```
library(ggplot2)
```

　次に、日本人の平均寿命を y 軸に、年次を x 軸に指定して、折れ線グラフを描きます。

```
ggplot(Japan, aes(x = year, y = lifeExp)) +
  geom_point() +
  geom_line() +
  ggtitle("日本人の平均寿命") +
  labs(x = "年", y = "平均寿命") +
  theme_classic(base_family="HiraKakuPro-W3") # Windowsの人はこの行を ↵
theme_classic()にする
```

4.3 データの可視化（Data Visualization）

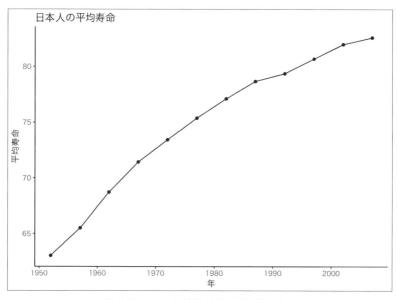

図 4.54　日本人の平均寿命の折れ線グラフ

グラフを見ると 1950 年から今日に至るまで、日本人の平均寿命が劇的に伸びていることがわかります。1952 年には 63 歳だったのが、2007 年には 82.6 歳まで伸びています。

平均寿命の時系列データ（日本人と中国人）

日本人と中国人の平均寿命を同時に折れ線グラフに描くためには、日本人と中国人の寿命の変遷データを「同時に」抜き出して名前（たとえば、ここでは jpn.chi）をつける必要があります。ここでも filter() 関数を使って日本人と中国人のデータだけを抜き出し、select() 関数を使って分析に必要な 3 つの変数（year、country、lifeExp）を抜き出し、jpn.chi というデータフレーム名をつけます。

```
jpn.chi <- gapminder %>%
  filter(country == "China" | country == "Japan") %>%
  select(year, country, lifeExp)   # year、country、lifeExp だけを抜き出す
```

抜き出したデータと変数の中身を表示して確認してみます。

```
jpn.chi
```

```
# A tibble: 24 x 3
   year country lifeExp
  <int> <fct>    <dbl>
 1  1952 China    44
 2  1957 China    50.5
 3  1962 China    44.5
 4  1967 China    58.4
 5  1972 China    63.1
 6  1977 China    64.0
 7  1982 China    65.5
 8  1987 China    67.3
 9  1992 China    68.7
10  1997 China    70.4
# ... with 14 more rows
```

図 4.55　抜き出した日本人と中国人の寿命データ

　ここには中国人のデータしか表示されていませんが、最下部の「... with 14 more rows」という表示を見ると、「10 1997 China 70.4」の下に 14 行のデータがあることがわかります。試しに次のように入力してデータフレーム jpn.chi の最後の 6 行を表示させてみます。

```
tail(jpn.chi)
```

4.3 データの可視化（Data Visualization）

```
# A tibble: 6 x 3
   year country lifeExp
  <int> <fct>     <dbl>
1  1982 Japan      77.1
2  1987 Japan      78.7
3  1992 Japan      79.4
4  1997 Japan      80.7
5  2002 Japan      82
6  2007 Japan      82.6
```

図 4.56　データの終わり 6 行

これで日本人のデータが確認できました。次に、日本人と中国人の寿命の変遷を表すデータを時系列的に表示してみます。

```
ggplot(jpn.chi, aes(x=year, y=lifeExp, group=country)) +
  geom_point() +
  geom_line(aes(linetype=country)) +
  ggtitle("平均寿命（日本と中国）1952-2007") +
  labs(x = "年", y = "平均寿命")　+
  scale_linetype_manual(values=c("twodash", "dotted"),
                        name = "国名",
                        labels = c("中国", "日本")) +
  theme_classic(base_family="HiraKakuPro-W3") # Windowsの人はこの行を ↵
theme_classic()にする
```

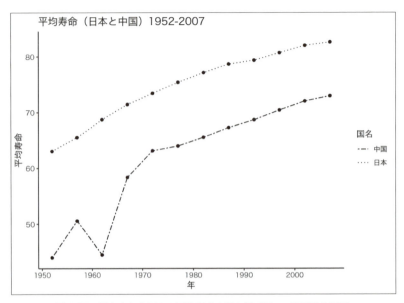

図 4.57　日本人と中国人の平均寿命の折れ線グラフ（1952-2007）

　日本と中国の線を色で分けるのではなく、このように点線の種類で分ければ、白黒印刷で提出が求められていても中国と日本の寿命の違いを明確に示すことができます。

4.3.6 Data Visualization（6）：折れ線グラフ（2）

　前項では、R にデフォルトで収められているデータを読み込んで折れ線グラフを作成しました。しかし、社会科学をはじめとした計量分析を行う際は、自らの興味関心に応じた独自のデータセットを読み込んで分析を行うのが通例です。そこで、.csv ファイルの読み込みの復習も兼ねて、本項では、.csv ファイルを読み込んで、自分の興味関心のあるデータの折れ線グラフを作成してみましょう。
　本項では、衆議院議員総選挙における特定の候補者の選挙における得票率の推移のグラフ、選挙別の政党の獲得票数のグラフを作成する方法を紹介します。また、本項では Data Manipulation と呼ばれるデータの操作の基礎を簡単に紹介します。

衆議院議員の得票率の折れ線グラフ

ここでは、特定の候補者が 1996 年から直近の 2017 年の衆議院議員総選挙で、自分の選挙区での得票率の推移を折れ線グラフで表現します。まずは、オーム社の Web ページからデータ makn_r.zip をダウンロードし、その中にある hr96-17.csv を RProject フォルダに保存しましょう。

次に、.csv ファイルを読み取るために必要な readr をロードします。

```
library(readr)
```

```
hr <- read_csv("hr96-17.csv", na = ".")
```

na = "." というコマンドは欠測値（値が観測できなかったもの）がどのように保存されているかを指定しています。このファイルでは、欠測が "." と記録されているので、それを R に伝える必要があります。

読み取ったデータフレーム hr の最初の 6 行を表示させます。

```
head(hr)
```

```
# A tibble: 6 x 11
  year ku    kun party party_code name      age nocand vote voteshare
  <int> <chr> <int> <chr>  <int> <chr>    <int> <int> <int>   <dbl>
1 1996 aichi   1 NFP        8 KAWAMU…   47     7 66876    40
2 1996 aichi   1 LDP        1 IMAEDA…   72     7 12969    25.7
3 1996 aichi   1 DPJ        3 SATO, …   53     7 33503    20.1
4 1996 aichi   1 JCP        2 IWANAK…   43     7 22209    13.3
5 1996 aichi   1 others   100 ITO, M…   51     7   616     0.4
6 1996 aichi   1 kokum…    22 YAMADA…   51     7   566     0.3
# ... with 1 more variable: eligible <int>
```

図 4.58　衆院選データの最初の 6 行

安倍晋三氏の選挙結果履歴を調べる

データフレーム hr を使って安倍晋三氏のこれまでの選挙結果の履歴を表示してみます。まず、必要なデータセットを filter() 関数を使って取り出し、shinzo と名前をつけます。その際、表示させる変数をここでは 10 個だけ選びます。

dplyr パッケージをロードします。

```
library(dplyr)
```

```
shinzo <- hr %>%
  filter(name == "ABE, SHINZO") %>%
  select(year, ku, kun, party, age, nocand, vote, voteshare)
```

```
shinzo # 取り出したデータを表示させる
```

```
# A tibble: 8 x 8
   year ku        kun party   age nocand   vote voteshare
  <int> <chr>   <int> <chr> <int>  <int>  <int>     <dbl>
1  1996 yamaguchi   4 LDP      42      3  93459      54.3
2  2000 yamaguchi   4 LDP      45      2 121835      71.7
3  2003 yamaguchi   4 LDP      49      3 140347      79.7
4  2005 yamaguchi   4 LDP      50      3 137701      73.6
5  2009 yamaguchi   4 LDP      54      3 121365      64.3
6  2012 yamaguchi   4 LDP      58      3 118696      78.2
7  2014 yamaguchi   4 LDP      60      3 100829      76.3
8  2017 yamaguchi   4 LDP      63      5 104825      72.6
```

図 4.59　安倍晋三氏の選挙結果データ（1996-2017）

データフレームの中から表示させる変数を 10 個に制限したので、だいぶすっきりとしました。

安倍晋三氏の得票率の平均は次のとおりです。

```
mean(shinzo$voteshare) # voteshare の平均値
```

> [1] 71.33375

図 4.60　安倍晋三氏の得票率の平均

安倍晋三氏の得票率を 1996 年から 2017 年まで表示する

ggplot2 パッケージをロードし、得票率を折れ線グラフで表示します。

```
library(ggplot2)

ggplot(shinzo, aes(x = year, y = voteshare)) +
  geom_point() +
  geom_line() +
  ggtitle("安倍晋三氏の得票率: 総選挙(1996-2017)") +
  geom_hline(yintercept = 71.33, # 安倍氏の得票率の平均に点線を引く
             col = "black",
             linetype = "dotted",
             size = 1) +
  geom_text(aes(y = voteshare + 1, label = voteshare), size = 4, vjust = 
0) +
  labs(x = "衆院選挙年", y = "得票率(%)")
```

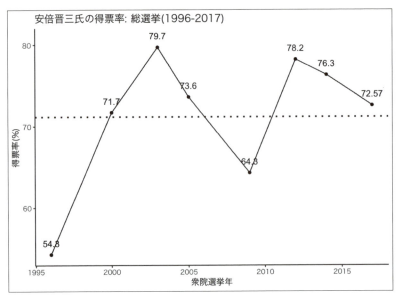

図 4.61　安倍晋三氏の得票率（1996-2017）

石破茂氏の選挙結果履歴を調べる

　次に、データフレーム hr を使って石破茂氏のこれまでの選挙結果の履歴を表示してみましょう。安倍晋三氏の場合と同様、必要なデータセットを filter() 関数を使って取り出し、shigeru と名前をつけます。

```
library("dplyr")
```

```
shigeru <- hr %>%
  filter(name == "ISHIBA, SHIGERU") %>%
  select(year, name, ku, kun, party, age, nocand, vote, voteshare)
```

```
shigeru   # 取り出したデータを表示する
```

```
# A tibble: 8 x 8
  year ku      kun party        age nocand  vote voteshare
 <int> <chr> <int> <chr>      <int>  <int> <int>     <dbl>
1  1996 tottori   1 independent  39      4 94147      62.5
2  2000 tottori   1 LDP          43      4 91163      49.1
3  2003 tottori   1 LDP          46      3 114283     71.6
4  2005 tottori   1 LDP          48      4 106805     59.2
5  2009 tottori   1 LDP          52      4 118121     62
6  2012 tottori   1 LDP          55      3 124746     84.5
7  2014 tottori   1 LDP          57      2 93105      80.3
8  2017 tottori   1 LDP          60      2 106425     83.6
```

図 4.62　石破茂氏の選挙結果データ（1996-2017）

石破茂氏の得票率の平均は次のとおりです。

```
mean(shigeru$voteshare) # voteshare の平均値
```

```
[1] 69.10375
```

図 4.63　石破茂氏の得票率の平均

石破茂氏の得票率を 1996 年から 2017 年まで折れ線グラフで表示します。

```
ggplot(shigeru, aes(x = year, y = voteshare)) +
  geom_point() +
  geom_line() +
  ggtitle("石破茂氏の得票率：総選挙(1996-2017)") +
  geom_hline(yintercept = 69.1, # 石破氏の得票率の平均に線を引く
             col = "black",
             linetype = "dotted",
             size = 1) +
  geom_text(aes(y = voteshare + 1, label = voteshare), size = 4, vjust = 
0) +
  labs(x = "衆院選挙年", y = "得票率(%)")  +
  theme_classic(base_family="HiraKakuPro-W3") # Windowsの人はこの行を
theme_classic()にする
```

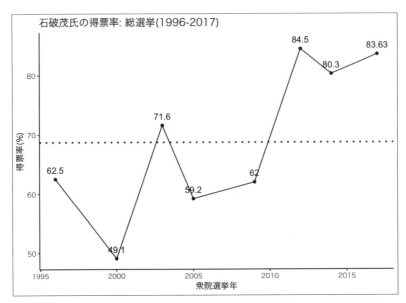

図 4.64　石破茂氏の得票率（1996-2017）

安倍晋三氏と石破茂氏の得票率の比較

　次に、安倍晋三氏と石破茂氏の得票率を 1996 年から 2017 年まで表示してみます。まず、必要なデータセットを filter() 関数を使って取り出し、abe_ishiba と名前をつけます。

```
abe_ishiba <- hr %>%
  filter(name == "ISHIBA, SHIGERU" | name == "ABE, SHINZO") %>%
  select(year, name, ku, kun, party, age, nocand, vote, voteshare)
abe_ishiba   # 取り出したデータを表示する
```

4.3 データの可視化 (Data Visualization)

```
# A tibble: 16 x 9
   year name             ku      kun party  age nocand  vote voteshare
  <int> <chr>            <chr> <int> <chr> <int>  <int> <int>    <dbl>
 1  1996 ISHIBA, SHIGERU totto…     1 indep…   39      4 94147     62.5
 2  2000 ISHIBA, SHIGERU totto…     1 LDP      43      4 91163     49.1
 3  2003 ISHIBA, SHIGERU totto…     1 LDP      46      3 114283    71.6
 4  2005 ISHIBA, SHIGERU totto…     1 LDP      48      4 106805    59.2
 5  2009 ISHIBA, SHIGERU totto…     1 LDP      52      4 118121    62
 6  2012 ISHIBA, SHIGERU totto…     1 LDP      55      3 124746    84.5
 7  2014 ISHIBA, SHIGERU totto…     1 LDP      57      2 93105     80.3
 8  2017 ISHIBA, SHIGERU totto…     1 LDP      60      2 106425    83.6
 9  1996 ABE, SHINZO     yamag…    4 LDP      42      3 93459     54.3
10  2000 ABE, SHINZO     yamag…    4 LDP      45      2 121835    71.7
11  2003 ABE, SHINZO     yamag…    4 LDP      49      3 140347    79.7
12  2005 ABE, SHINZO     yamag…    4 LDP      50      3 137701    73.6
13  2009 ABE, SHINZO     yamag…    4 LDP      54      3 121365    64.3
14  2012 ABE, SHINZO     yamag…    4 LDP      58      3 118696    78.2
15  2014 ABE, SHINZO     yamag…    4 LDP      60      3 100829    76.3
16  2017 ABE, SHINZO     yamag…    4 LDP      63      5 104825    72.6
```

図 4.65　安倍晋三氏と石破茂氏の選挙結果データ

安倍晋三氏と石破茂氏の得票率を 1996 年から 2017 年まで折れ線グラフで表示します。

```
ggplot(data=abe_ishiba, aes(x=year, y=voteshare, group=name)) +
  geom_line(aes(linetype = name)) +
  geom_point() +
  ggtitle("安倍晋三氏と石破茂氏の得票率: 総選挙(1996-2017)") +
  geom_text(aes(y = voteshare + 1, label = voteshare), size = 4,
            vjust = 0) +
  labs(x = "衆院選挙年", y = "得票率(%)") +
  theme(legend.position=c(0.9, 0.15)) + #レジェンドの位置は他にも選べる
  legend.position="none", "left", "right", "top", "bottom"など。
  scale_linetype_manual(values=c("twodash", "dotted"),
                        name = "候補者名",
                        labels = c("安倍晋三", "石破茂")) +
  theme_classic(base_family="HiraKakuPro-W3") # Windowsの人はこの行を
theme_classic()にする
```

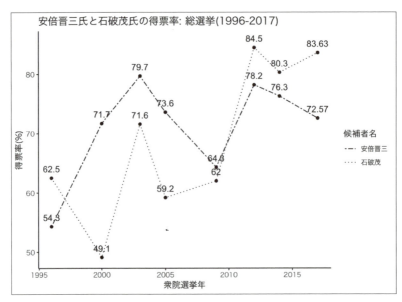

図 4.66　安倍晋三氏と石破茂氏の得票率の比較（1996-2017）

　安倍晋三氏と石破茂氏の選挙結果を得票率という観点から比較すると、2009年までは安倍晋三氏が多く得票していましたが、2012年以降は石破茂氏の得票率のほうが大きいことがわかります。

選挙別の政党データを分析する

　ここでは、自民党と旧民主党の得票率の折れ線グラフを作成してみましょう。まずは、オーム社の Web ページからデータ makn_r.zip をダウンロードし、その中にある hr96-17.csv を RProject フォルダに保存しましょう。

　次に、.csv ファイルを読み取るために必要な readr をロードします。

4.3 データの可視化 (Data Visualization)

```
library(readr)

hr <- read_csv("hr96-17.csv", na = ".")
```

読み取ったデータフレーム hr の最初の 6 行を表示させます。

```
head(hr)
```

```
# A tibble: 6 x 11
  year ku     kun party party_code name       age nocand  vote voteshare
  <int> <chr> <int> <chr>    <int> <chr>    <int>  <int> <int>     <dbl>
1 1996 aichi    1 NFP          8 KAWAMU…    47      7 66876      40
2 1996 aichi    1 LDP          1 IMAEDA…    72      7 42969      25.7
3 1996 aichi    1 DPJ          3 SATO, …    53      7 33503      20.1
4 1996 aichi    1 JCP          2 IWANAK…    43      7 22209      13.3
5 1996 aichi    1 others     100 ITO, M…    51      7   616       0.4
6 1996 aichi    1 kokum…      22 YAMADA…    51      7   566       0.3
# ... with 1 more variable: eligible <int>
```

図 4.67 衆院選データの最初の 6 行

データフレーム hr から自民党候補者 (party == "LDP") だけのデータフレームを抜き出して選挙ごとに得票率を計算して ldp という名前をつけます。

```
ldp <- hr %>%
  filter(party == "LDP") %>%
  group_by(year) %>% # 年ごとにグループ化する
  summarise(no.obs = n(), # 平均を計算するのに使ったnの個数を表示
            vsmean =  mean(voteshare)) %>% # 各選挙ごとのvoteshareの平均↵
を計算する
  mutate(party = c(rep("LDP", 8))) %>% # partyという変数に自民党 (LDP) と↵
いう政党名のラベルを作成する
  as.data.frame() # データフレームに変更
ldp
```

第 4 章　R マークダウンを使った実際の分析事例

```
  year no.obs  vsmean party
1 1996    288 40.90590    LDP
2 2000    271 46.23764    LDP
3 2003    277 48.12310    LDP
4 2005    290 49.42276    LDP
5 2009    291 40.55911    LDP
6 2012    289 45.74083    LDP
7 2014    283 50.91095    LDP
8 2017    277 50.37884    LDP
```

図 4.68　データフレーム ldp の内容を表示する

自民党の得票率の平均は次のとおりです。

```
mean(ldp$vsmean) # voteshare の平均値
```

```
[1] 46.53489
```

図 4.69　自民党の得票率の平均

自民党の得票率を 1996 年から 2017 年まで折れ線グラフで表示してみましょう。ggplot2 パッケージをロードします。

```
library(ggplot2)
```

```
ggplot(ldp, aes(x = year, y = vsmean)) +
  geom_point() +
  geom_line() +
  geom_hline(yintercept = 46.53, # 自民党の得票率の平均に点線を引く
             col = "lightblue",
             linetype = "dotted",
             size = 1) +
  ggtitle("自民党の平均得票率：総選挙(1996-2017)") +
```

```
  labs(x = "衆院選挙年", y = "平均得票率(%)")  +
  theme_classic(base_family="HiraKakuPro-W3") # Windowsの人はこの行を
theme_classic()にする
```

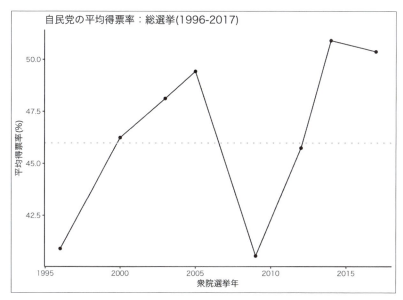

図 4.70　衆院選での自民党の得票率（1996-2017）

民主党の得票率

データフレーム hr から民主党候補者（party == "DPJ"）だけのデータフレームを抜き出して選挙ごとに得票率の平均を計算して、dpj という名前をつけます。

```
dpj <- hr %>%
  filter(party == "DPJ") %>%
  group_by(year) %>% # 年ごとにグループ化する
  summarise(no.obs = n(), # 平均を計算するのに使ったnの個数を表示
            vsmean =  mean(voteshare)) %>% # 各選挙ごとのvoteshareの平均
を計算する
  mutate(party = c(rep("DPJ", 7))) %>% # partyという変数に民主党(DPJ)とい
う政党名のラベルを作成する
  as.data.frame() # データフレームに変更
```

```
dpj
```

```
  year no.obs  vsmean party
1 1996     143 22.07483   DPJ
2 2000     242 33.56322   DPJ
3 2003     267 40.49438   DPJ
4 2005     289 37.51107   DPJ
5 2009     271 51.77638   DPJ
6 2012     264 25.59242   DPJ
7 2014     178 36.00449   DPJ
```

図 4.71　データフレーム dpj の内容を表示する

民主党の得票率の平均は次のとおりです。

```
mean(dpj$vsmean) # voteshare の平均値
```

```
[1] 35.28812
```

図 4.72　民主党の得票率の平均

民主党の得票率を1996年から2014年まで折れ線グラフで表示してみましょう。

```
ggplot(dpj, aes(x = year, y = vsmean)) +
  geom_point() +
  geom_line() +
  geom_hline(yintercept = 35.29, # 民主党の得票率の平均に点線を引く
             col = "tomato",
             linetype = "dotted",
             size = 1) +
  ggtitle("民主党の平均得票率：総選挙(1996-2014)") +
  labs(x = "衆院選挙年", y = "平均得票率(%)") +
  theme_classic(base_family="HiraKakuPro-W3") # Windowsの人はこの行を
theme_classic()にする
```

4.3 データの可視化（Data Visualization）

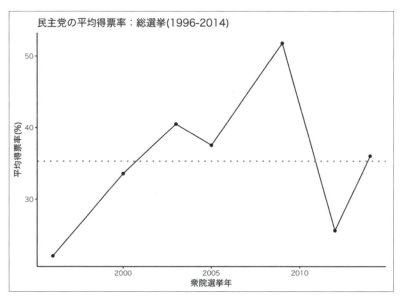

図 4.73　衆院選での民主党の得票率（1996-2014）

自民党と民主党の得票率

　自民党の得票率を 1996 年から 2017 年まで、そして民主党の得票率を 1996 年から 2014 年まで表示してみましょう。次の 2 つのデータフレームを作図しやすいデータに変更します。

ldp

```
  year no.obs  vsmean party
1 1996    288 40.90590   LDP
2 2000    271 46.23764   LDP
3 2003    277 48.12310   LDP
4 2005    290 49.42276   LDP
5 2009    291 40.55911   LDP
6 2012    289 45.74083   LDP
7 2014    283 50.91095   LDP
8 2017    277 50.37884   LDP
```

図 4.74　データフレーム ldp の内容

dpj

```
  year no.obs  vsmean party
1 1996    143 22.07483   DPJ
2 2000    242 33.56322   DPJ
3 2003    267 40.49438   DPJ
4 2005    289 37.51107   DPJ
5 2009    271 51.77638   DPJ
6 2012    264 25.59242   DPJ
7 2014    178 36.00449   DPJ
```

図 4.75　データフレーム dpj の内容

データフレーム ldp と dpj を統合し、ldp_dpj というデータフレームを作ります。

```
ldp_dpj <- union(ldp, dpj) %>%
  arrange(desc(party), year) # partyを昇順、yearを降順にソート
```

　union() で、2 つのデータフレームを統合することができ、desc を使ってデータを並べ替えることができます。また、arrange 関数はデフォルトで降順にデータをソートするので、ここでは year を降順に並べています。

4.3 データの可視化（Data Visualization）

ldp_dpj

```
   year no.obs  vsmean party
1  1996    288 40.90590  LDP
2  2000    271 46.23764  LDP
3  2003    277 48.12310  LDP
4  2005    290 49.42276  LDP
5  2009    291 40.55911  LDP
6  2012    289 45.74083  LDP
7  2014    283 50.91095  LDP
8  2017    277 50.37884  LDP
9  1996    143 22.07483  DPJ
10 2000    242 33.56322  DPJ
11 2003    267 40.49438  DPJ
12 2005    289 37.51107  DPJ
13 2009    271 51.77638  DPJ
14 2012    264 25.59242  DPJ
15 2014    178 36.00449  DPJ
```

図 4.76　データフレーム ldp_dpj の内容

自民党と民主党の得票率を1996年から2017年まで折れ線グラフで表示します。

```
ggplot(data=ldp_dpj,
       aes(x=year, y=vsmean, group=party)) +
  geom_line(aes(linetype=party)) +
  geom_point() +
  theme(legend.position = c(0.65, 0.15)) +
  ggtitle("自民党と民主党の平均得票率: 総選挙(1996-2017)") +
  labs(x = "衆院選挙年", y = "得票率(%)") +
  scale_linetype_manual(values=c("twodash", "dotted"),
                        name = "政党名",
                        labels = c("民主党", "自民党")) +
  theme_classic(base_family="HiraKakuPro-W3") # Windowsの人はこの行を ↵
theme_classic()にする
```

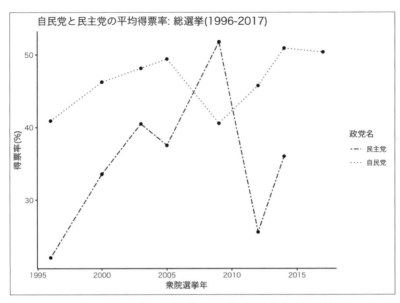

図 4.77　衆院選における自民党と民主党の得票率（1996-2017）

　2009 年の衆院選で、民主党は自民党を凌ぐ得票率を獲得し政権交代を果たしましたが、2012 年の総選挙では大きく後退しました。2014 年にはやや持ち直したものの、2016 年に維新の党と合併し民進党となったため、民主党の歴史に幕を降ろすことになりました。2017 年の総選挙では、民進党は立憲民主党と希望の党、そして無所属の 3 分裂状態で選挙を戦いました。そのため、グラフには 2017 年の衆院選における民主党のデータはないので、民主党のグラフは 1996 年から 2014 年までカバーしています。

4.4 回帰分析とその結果の解釈

本節では、実証分析を行うにあたって最もポピュラーな分析ツールである**回帰分析**（Regression Analysis）について説明します[14]。

回帰分析は、1つの説明変数と1つの応答変数との「直線的な」関係を求め、説明変数から応答変数を推定する方法である**単回帰分析**と、複数の説明変数と1つの応答変数との「直線的な」関係を求め、説明変数から応答変数を推定する方法である**重回帰分析**の2つがあり、社会科学では重回帰分析がしばしば用いられます。

本来であれば、

(1) パズル[15]を見つける

(2) 先行研究から「理論（Theory）」を引き出す

(3) 理論から仮説（Hypothesis）を導出する

(4) 仮説の検定を行う

といった手順[16]を踏み、因果関係を探るために回帰分析を行うべきです。しかし、ここではRを使って回帰分析をどのように行うのか、また、その分析結果をstargazerパッケージを用いてどのようにまとめるのかという点のみを説明す

---

[14] 回帰分析の説明は他の参考書に譲ります。また、社会科学を中心に注目を集めている「因果推論（Causal Inference）」が注目を集めていますが、因果関係とは何か、相関関係との違い、また因果推論を行うための手法については説明しません。因果推論の作法については、久米（2013）および高根（1979）を、因果推論を厳密に行うための手法については伊藤（2017）および中室・津川（2017）を参照してください。

[15] 「ちまたではAといわれているけれども、実際はBである」というような、社会における不思議な現象のことです。このパズルから面白い研究が生まれることが多くあります。

[16] 詳しくは浅野・矢内（2013）の第2章、第3章を参照してください。

る都合上、さきほどから使用している income というデータフレームを用いてシンプルな回帰分析を試み、その結果をパッケージ stargazer を使って出力してみます。

回帰分析を行う前に、扱うデータがどのような特徴を持っているのか確認する必要があります。ここでは、Rで回帰分析を行う前に、第4章の 4.2.1 の復習も兼ねて、データフレーム income の記述統計を確認します。

````
```{r, results = "asis"}
stargazer(as.data.frame(income),
          type = "html")
```
````

Statistic	N	Mean	St. Dev.	Min	Max
age	100	45.960	13.331	20	70
height	100	163.746	7.692	148.000	180.500
weight	100	59.179	12.647	28.300	85.600
income	100	434.400	445.777	24	2,351

図 4.78　データフレーム income の記述統計

ここでは「応答変数」を体重（weight）、「説明変数」を年齢（age）、身長（height）、income（収入）、そして性別（sex）と指定して4つのモデルを実行させます。

- 応答変数：weight
- 説明変数：age、height、income、sex

```
model_1 <- lm(weight ~ age, data = income) # 単回帰分析
```

```
model_2 <- lm(weight ~ age + height, data = income) # 重回帰分析
```

```
model_3 <- lm(weight ~ age + height + income, data = income) # 重回帰分析
```

性別（sex）は male、female という値から構成されるカテゴリカル変数なの

で、ダミー変数（male = 1、female = 0）に変換する必要があります。ここでは、mutate() 関数を使ってカテゴリカル変数をダミー変数に変換します。mutate() 関数を使うために、dplyr パッケージをインストール、ロードしてから、次のコマンドを入力します。

```
income <- income %>%
  mutate(sex = as.numeric(sex == "male"))
```

```
model_4 <- lm(weight ~ age + height + income + sex, data = income)
```

これで回帰分析の計算はできました。しかし、何かしらの形で計算結果を表示しなければ、R による回帰分析の計算結果を見ることができません。いくつかの方法がありますが、本書では stargazer パッケージを用いて、model_1、model_2、model_3、model_4 の分析結果を表示します。以下のコマンドを入力する際にチャンクオプションで {r, results = "asis"} を指定しましょう。

```
```{r, results = "asis"}
stargazer(model_1, model_2, model_3, model_4,
          type = "html")
```
```

	Dependent variable:			
	weight			
	(1)	(2)	(3)	(4)
age	-0.028	-0.043	-0.049	0.040
	(0.096)	(0.066)	(0.067)	(0.067)
height		1.201***	1.194***	1.220***
		(0.114)	(0.115)	(0.153)
income			0.001	0.001
			(0.002)	(0.002)
sex				-0.619
				(2.340)
Constant	60.475***	-135.481***	-134.539***	-138.591***
	(4.582)	(18.862)	(18.999)	(24.471)
Observations	100	100	100	100
R^2	0.001	0.534	0.536	0.536
Adjusted R^2	-0.009	0.525	0.521	0.516
Residual Std. Error	12.705 (df = 98)	8.721 (df = 97)	8.751 (df = 96)	8.794 (df = 95)
F Statistic	0.087 (df = 1; 98)	55.602*** (df = 2; 97)	36.919*** (df = 3; 96)	27.439*** (df = 4; 95)
Note:				*p<0.1;* ***p<0.05;*** p<0.01

図 4.79　モデル 1 からモデル 4 の回帰分析結果

統計的有意水準に関して、Rでは自動的にアスタリスクが表示されます[17]。

- 1％水準で有意：「＊＊＊」
- 5％水準で有意：「＊＊」
- 10％水準で有意：「＊」

jtoolsというパッケージを使うと、重回帰分析の結果を視覚的に表示できます。上記のmodel_4の結果を表示してみます。Consoleでjtoolsをインストールしたあと、次のコマンドを実行します。

```
library(jtools)
plot_summs(model_4)
```

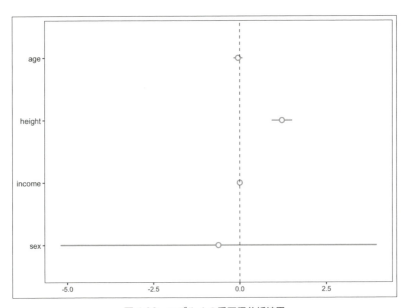

図4.80　モデル4の重回帰分析結果

---

[17] 有意確率を示すアスタリスクを表示したくない場合は、star.cutoffs = NA と omit.table.layout ="n" を付け加えます。

x軸の0の位置に縦の点線が引かれていますが、〇を中心とした左右に伸びた**直線が点線と交差しなければ5%水準で統計的に有意**という意味です。したがって、上記の stargazer による結果と同様、height だけが統計的に有意だということが視覚的に確認できます。

4.5 モンティ・ホールのシミュレーション

ここでは R を使ったプログラミング応用例の1つとして「モンティ・ホール問題」を紹介します。モンティ・ホール（Monty Hall）とは、アメリカで人気のゲームショー番組の1つである Let's Make a Deal の司会をしているホストの名前です。この番組で実際に行われていたホストとゲーム参加者の間でのやり取りが、ついには全米中を巻き込んだモンティ・ホール問題（Monty Hall Problem）といわれるほどの論争にまで発展しました。さて、それは一体どのような論争なのでしょうか？

それは、私たちが一般的に「常識だ」「当然だ」と思っていることが、実はそうではなかったということに気づかせてくれるような人の盲点を突いた問題です。モンティ・ホール問題を聞いた人の意見は、大きく分けて2つに分かれます。みなさんも楽しみながら考えてみてください。

第 4 章　R マークダウンを使った実際の分析事例

図 4.81　モンティ・ホール問題

モンティ・ホールがホストを務める番組で行われるゲームのルールは次のとおりです。

(1) 3 つのドア（1、2、3）に（高級車、ヤギ、ヤギ）がランダムに入っている。
(2) プレイヤーはドアを 1 つ選ぶ（たとえば、1 を選んだとする）。
(3) モンティは残りのドアのうち 1 つを開ける（たとえば、2 を開けたとする）。
(4) そのドアにはヤギが入っている（2 にはヤギが入っている）。
(5) プレイヤーはドアを選び直すことができる（つまり、3 を選び直すことができる）。

ここでの問題は「プレイヤーは最初に選んだドア 1 にとどまるべきか、それともドア 3 を選び直すべきか？」ということです。ここでは 2 つの答えを想定できます。

- 意見 A：ドア 3 を選び直しても高級車を得られる確率は同じだから、どちらでもよい
- 意見 B：高級車を得られる確率が上がるから、ドア 3 を選び直すべきである[18]

さて、ここでは R を使ったシミュレーションを行い、1 つの解答を示してみます。ここで行うシミュレーションの前提は次のとおりです。

シミュレーションの前提

高級車は「ドア 1」にある。プレイヤーは 3 つのドア（1、2、3）のうち無作為に 1 つのドアを選ぶ（モンティがヤギの入っているドアを 1 つ開ける）。プレイヤーは次の 2 つの選択ができる。

(1) 最初に選んだドアにとどまる

(2) 残ったドアに選択し直す

プレイヤーは 100 回無作為にドアを選び、**(1)** と **(2)** それぞれの場合に高級車が当たる確率を計算する。

```
# シミュレーションを行うために 100 個の入れものを準備
set.seed(1838-3-11) # 乱数の設定。大隈重信の誕生日。何でもかまわない
trials <- 100

# 「ドア 1」「ドア 2」「ドア 3」を無作為に 100 回選ぶ
prize <- sample(1:3, trials, replace = TRUE)
prize
```

---

[18] この立場をとる説明の一例としては、次のサイトが大変示唆的です。https://www.youtube.com/watch?v=4Lb-6rxZxx0

```
    [1] 1 3 2 1 2 2 2 2 3 2 3 3 1 1 1 3 3 2 1 1 3 1 2 3 2 2 3 2
   [29] 2 3 3 2 3 1 3 1 3 3 1 2 1 1 1 2 2 3 3 2 2 2 3 3 3 2 2
   [57] 2 1 1 2 3 1 3 3 1 1 1 3 2 2 1 1 1 3 3 3 2 3 1 1 2 3 2 1
   [85] 3 2 1 1 1 3 2 3 2 1 3 2 1 1 1 3
```

図 4.82　100 回のシミュレーション結果

「ドア 1」に高級車があると指定します。

```
stay <- prize == 1
head(stay)
```

```
[1] TRUE FALSE FALSE  TRUE FALSE FALSE
```

図 4.83　シミュレーション最初の 6 回の結果

stay では 1 が TRUE、2 と 3 が FALSE と表示されます。
「ドア 2」と「ドア 3」に高級車はないと指定します。

```
move <- prize != 1
head(move)
```

```
[1] FALSE  TRUE  TRUE FALSE  TRUE  TRUE
```

図 4.84　シミュレーション最後の 6 回の結果

move では 1 が FALSE、2 と 3 が TRUE と表示されます。
　モンティ・ホールの提案を受けずに「ドア 1」にとどまった場合に高級車が当たる割合 prob.stay と、「ドア 1」から選択し直した場合に当たる割合 prob.move をそれぞれ 100 回ずつ、合計で 200 回分計算します。

```
prob.stay <- prob.move <- rep(NA, trials)
for (i in 1:trials) {
prob.stay[i] <- sum(stay[1:i]) / i     # 「ドア 1」にとどまったときに高級↵
車が当たる割合
prob.move[i] <- sum(move[1:i]) / i     # 「ドア 1」から動いたときに高級車↵
が当たる割合
}
```

シミュレーション結果をプロットしてみましょう。

```
plot(1:trials, prob.move, ylim = c(0, 1),
     type = "l", col = "red",
     xlab = "number of trials",
     ylab = "prob. of getting a car",
     main = "Simulation of Monty Hall Problem")
 lines(1:trials, prob.stay, type = "l", col = "blue")
 abline(h = c(0.33, 0.66), lty = "dotted") # 勝つ確率が 33% (1/3)と66% ↵
(2/3)に点線を引く
 legend("topright", lty = 1, col = c("red", "blue"),
        legend = c("change", "stay"))
```

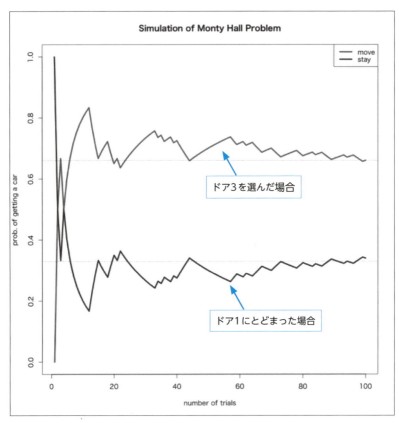

図 4.85　モンティ・ホールのシミュレーション結果

　さて、ここで得られた結果は**「最初に選んだドアにとどまらず、残ったドアに選択し直すと、高級車がもらえる確率が 2 倍になる」**というものです。上の図の下側の線は「最初に選んだドアにとどまった場合に高級車をもらえる確率」で 100 回のトライアルを平均すると約 3 分の 1（33.3%）、上にある線は「最初に選んだドアにとどまらず、残ったドアに選択し直した場合に高級車をもらえる確率」で 100 回のトライアルを平均すると約 3 分の 2(66.6%)であることがわかります。

　試しに、下のコマンドから「set.seed(1838-3-11)」という乱数設定コマンドを削除し、何度か試してください。そうするとシミュレーションする度に、異な

るトライアルが行われますが、何度繰り返しても両者の確率がひっくり返ることはないはずです。

R 上での実行方法（RStudio ではなく R を開く）

(1) R を起動します。

(2) R 上で「ファイル」→「新規文書」を選択し、下記のコードをコピーします。

(3) 「Script」上でコードすべてを選択します。Windows の場合は［Ctrl］＋［A］キー、Mac の場合は［command］＋［A］キーですべて選択できます。

(4) Windows の場合は、［Ctrl］＋［R］キーを押します。Mac の場合は［command］＋［return］キーを押します。

注意：シミュレーションは R マークダウン上で実行できないこともありませんが、動画アニメーションではなく「紙芝居」のような動きをするので、おすすめしません。

```r
# シミュレーションを行うためのコマンド
# シミュレーションを行うために 100個の入れものを準備
set.seed(1838-3-11) # 乱数の設定。大隈重信の誕生日
trials <- 100
prize <- sample(1:3, trials, replace = TRUE) # 「ドア 1」「ドア 2」
 「ドア 3」を無作為に 100 回選ぶ
prize
stay <- prize == 1 # 「ドア 1」に高級車があると指定
head(stay)
move <- prize != 1 # 「ドア 2」と「ドア 3」に高級車はないと指定
head(move)
prob.stay <- prob.move <- rep(NA, trials)
for (i in 1:trials) {
```

```
prob.stay[i] <- sum(stay[1:i]) / i     # 「ドア 1」にとどまったときに高級
車が当たる割合
prob.move[i] <- sum(move[1:i]) / i     # 「ドア 1」から動いたときに高級車
が当たる割合

plot(1:trials, prob.move, ylim = c(0, 1),  # シミュレーション結果をプロット
     type = "l", col = "red",
     xlab = "number of trials",
     ylab = "prob. of getting a car",
     main = "Simulation of Monty Hall Problem")
 lines(1:trials, prob.stay, type = "l", col = "blue")
 abline(h = c(0.33, 0.66), lty = "dotted") # 勝つ確率が 33% (1/3)と66%
(2/3)に点線を引く
 legend("topright", lty = 1, col = c("red", "blue"),
        legend = c("change", "stay"))}
```

4.6 Birthday Paradox

　スリラー作家、アダム・ファウアーの小説『数学的にありえない＜上＞』の中で、大学の教室で授業を受けている 58 人の学生の中に「同じ誕生日のペアが少なくとも 1 組いる確率」を問うシーンが出てきます（pp.175-188）。誕生日は 1 月 1 日から 12 月 31 日まで 365 日あるから、異なる 2 人の誕生日が同じ確率は 365 分の 1 です。2 人が 58 人になったとしても、「同じ誕生日のペアが少なくとも 1 組いる確率」がそれほど高まるとは、直感的には思えません。

　これを R を使って分析してみましょう。R には、pbirthday() と qbirthday() という 2 つの関数が用意されています。

　pbirthday() 関数集団の中で少なくとも同じ誕生日のペアが 1 組いる確率は pbirthday() 関数を使って計算できます。

「集団の人数」を横軸、「集団の中で少なくとも同じ誕生日のペアが1組いる確率」を縦軸に指定し、両者の関係を図示してみます。

```
dob <- 1:365
probs <- sapply(dob, pbirthday)
plot(dob, probs, type = "l", col = "tomato", lwd = 2, xlim = c(0, 100),
     xlab = "The number of people in a group",
     ylab = "Probability",
     main = "Prob. that at least two people have the same DOB: pbirthday()")
abline(h = c(0, 1), col = "gray")   ## 確率の0%と100%に横線を引く
abline(v = c(23, 58), col = "gray")  ## 集団の人数23人と58人に縦線を引く
```

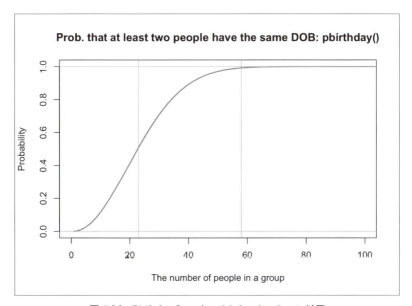

図 4.86　Birthday Paradox のシミュレーション結果

ここでは、23人と58人のところに縦線を引いています。23人の縦線は約50%の確率を示していることから、23人の集団の中に少なくとも同じ誕生日のペアがいる確率は50%ということになります。58人だとその確率はほぼ100%

です。この結果に関しては「直感」に反すると感じる人が多いのではないでしょうか。

集団の人数を指定して、その中で少なくとも同じ誕生日のペアが1組いる確率を求める pbirthday() 関数を使って、正確な確率を確認してみましょう。

集団の人数が23人の中に、少なくとも同じ誕生日のペアが1組いる確率を計算しましょう。

```
pbirthday(23, classes =365, coincident = 2)
```

[1] 0.5072972

図 4.87　23 人中少なくとも同じ誕生日のペアが 1 組いる確率

その確率は正確には 50.73% だとわかります。

集団の人数が 58 人の中に、少なくとも同じ誕生日のペアが 1 組いる確率を確認します。

```
pbirthday(58, classes = 365, coincident = 2)
```

[1] 0.991665

図 4.88　58 人中少なくとも同じ誕生日のペアが 1 組いる確率

その確率は正確には 99.17% だとわかります。

qbirthday() 関数集団の中で少なくとも同じ誕生日のペアが 1 組いるために必要な人数は qbirthday() 関数を使って計算できます。

「集団の中で少なくとも同じ誕生日のペアが 1 組いるために必要な人数」を横軸、「集団の人数」を横軸に指定し、両者の関係を図示します。

```
prob <- seq(0, 1, by = 0.01)
n.people <- sapply(prob, qbirthday)
plot(prob, n.people, typ = "l", col = "royalblue", lwd = 2,
     xlab = "Prob. that at least two people have the same DOB",
     ylab = "The number of people in a group",
     main = "The number of people needed to have the same DOB：
qbirthday()")
abline(v = c(0, 0.5, 0.99, 1), col = "gray") # 確率の0%, 50%, 99%, 100%に
縦線を引く
```

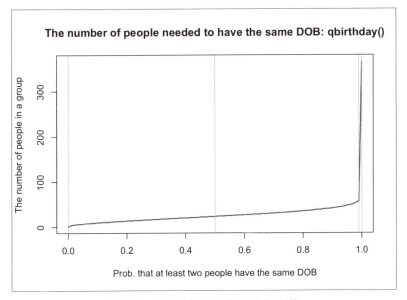

図 4.89　誕生日が同じ人がいる確率と人数

　ここでは、0％、5％、99％、100％のところに縦線を引いています。50％、99％それぞれの確率を得るために必要な集団の人数を求めます。pbirthday() 関数とは逆に、少なくとも同じ誕生日のペアが1組いる確率を指定して、そのためにはどれほどの規模の集団が必要なのかを求めることができます。

　50％の確率を得るために必要な人数を確認します。

```
qbirthday(0.5, classes =365, coincident = 2)
```

> [1] 23

図 4.90　同じ誕生日のペアが 50％の確率でいるために必要な人数

　ある集団の中に少なくとも同じ誕生日のペアが 1 組いるためには 23 人必要だとわかります。

　99％の確率を得るために必要な人数を確認します。

```
qbirthday(0.99, classes = 365, coincident = 2)
```

> [1] 57

図 4.91　同じ誕生日のペアが 99％の確率でいるために必要な人数

　ある集団の中に少なくとも同じ誕生日のペアが 1 組いるためには 57 人必要だとわかります。

第5章

Rマークダウンを使った
レポート・論文作成

- 5.1 章の割り付け
- 5.2 脚注の挿入方法とボールドの指定方法
- 5.3 画像の挿入
- 5.4 文字のイタリック指定

学問の世界においてRマークダウンがもたらした最大の功績は「再現可能性」への道を切り拓いたことでしょう。2014年にSTAP細胞を発表し、「リケジョの星」として小保方晴子さんが話題になりましたが、当該論文や博士論文に不正が発覚し、その結果、猶予期間を経て学位を2015年11月に取り消され、理化学研究所も退職。そこで大きな話題になったのが「実験ノート」でした。

　実験ノートとは、実験を行う者が「このような実験を行ったら、このような結果が得られた」といった実験の一次的データの記録や、場合によっては「研究の過程で交わされた議論」や「解析中に思いついた事柄」など実験や研究に関わるさまざまな事柄を詳細に記録し処理するためのノートブックやそれに類する記録媒体のことです。

　実験ノートには、日付や研究内容、そして研究者が署名し、ページに余白が残る場合は、あとから追加して書き込むのを防ぐよう、斜線を引いて埋めるなどの配慮を施します。小保方さんが残したノートには、日付すら記載されておらず、そうした要件が満たされていないことが、STAP細胞の存在を証明できない理由の1つとされました。

　Rマークダウンは、この「実験ノート」のような役割を果たしてくれるといえます。データをいつ、どこから、どのようにして入手し、それをいつ、どのように加工したのか。そして、そのデータをどのような統計手法を使ってどう分析したのかという情報が、Rマークダウンを使うと明らかになるのです。

　データ分析をしていると「あれ、このデータはどうやって加工したんだっけ？」「この統計結果はどういう統計分析で得られたっけ？」などと思うことがよくあります。こうした「うっかり」を解消し、分析の経路を克明に記録して、分析の経緯を正確にたどることは極めて重要です。結果を生み出すプロセスを明確にすることは、より信頼性が高く正確な研究成果を生み出すためには必要不可欠な条件ともいえます。

　また、Rマークダウンで使ったファイルをRスクリプトやRmdファイルとして保存しておけば、分析で使ったデータと共に第三者に提供することで、自分の研究成果を第三者が客観的に再検証することが可能になります。現実に、アメリカやヨーロッパ諸国における社会科学系学術ジャーナルでは、研究論文だけでなく、その結論に至った研究プロセス、つまりRスクリプトの提出を要求するところが増えてきています。

　ここでは、主として学部学生や大学院生が期末レポート、ゼミ論文、卒業論文、修士論文、そして博士論文を作成するツールとしてのRマークダウンの使い方とアウトプットの方法を解説します。

　実は、本書のドラフトはRマークダウンを使って書いています。章を割り付け、脚注を挿入し、文字の大きさ、種類、色を指定する機能をフル活用しながら1冊の本を作り上げているのです。

ここでは執筆作業の「台所事情」を紹介しつつ、R マークダウンによる文書作成の具体的方法について解説していきます。

5.1 章の割り付け

本書の初めの部分の Rmd ファイルと出力画面を紹介するとこんな感じです。

図 5.1　Rmd ファイルと HTML の出力画面

　画面の左半分が「エディタタブ」と呼ばれる入力画面です。入力した内容は、knit すると「ビューアタブ」と呼ばれる右半分に HTML として出力され、HTML 形式でプロジェクト・フォルダに保存されます。左画面のエディタタブの上部にある歯車のアイコンをクリックして「Preview in Window」を選んでみます。

第 5 章　Ｒマークダウンを使ったレポート・論文作成

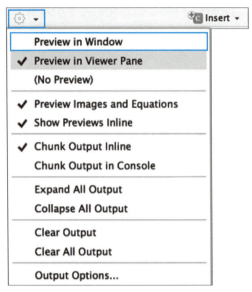

図 5.2　Preview in Viewer Pane

　すると、次のような HTML 画面が表示されます。これは出力画面をペインの中ではなく、HTML 単体で開いた画面で、左側に目次、右側にアウトプットの本体が表示されます。たとえば、左側の目次の「1. R と RStudio のインストール」をクリックすると、選択した目次の部分が青く反転表示されます。同時に、右側画面では下のほうにスクロールされて、選択した目次に該当する本文が表示されます。

図 5.3　HTML の出力画面

上記のような画面で文書を作成するためには、次の **(1)** と **(2)** を設定する必要があります。

目次と本文の設定方法

(1) 画面左側のエディタタブの中に記述されている「メタ情報」と呼ばれる 10 行を次のように入力します。title、author、date にはユーザー情報を入力し、output より下の 5 行を正確に入力します。

```
---
title: "はじめてのRStudio（仮題）"
author: "浅野正彦・中村公亮"
date: "August 15, 2018"
output:
    html_document:
        toc: true
        toc_depth: 3
        toc_float: true
---
```

図 5.4　メタ情報の設定

(2) 次の章立ての設定を行います。章立ては「セクション」という大きな見出しと「サブセクション」という中ぐらいの見出しの 2 つに分けて章立てすると便利です。

第 I 部：R マークダウンのセットアップ ....（セクション）
はじめに ....（セクション）
1. R と RStudio のインストール......................（セクション）
1.1. R：Windows 10...（サブセクション）
1.2. R：Mac OS ....（サブセクション）
1.3. RStudio：Windows 10...............................（サブセクション）
1.4. RStudio：Mac OS......................................（サブセクション）

セクションにしたい見出しの前には半角のシャープ記号を2つ「##」、サブセクションにしたい見出しの前には半角のシャープ記号を3つ「###」付けます。したがって、画面左側のエディタタブには次のように入力すればよいことになります。

```
## 第I部：Rマークダウンのセットアップ
## はじめに

## 1．RとRStudioのインストール

### 1.1．R：Windows 10

       （ここに本文を入れる）

### 1.2．R：Mac OS

       （ここに本文を入れる）

### 1.3．RStudio：Windows 10

       （ここに本文を入れる）

### 1.4．RStudio：Mac OS

       （ここに本文を入れる）
```

上記のように章立てを設定し「（ここに本文を入れる）」という部分に実際に文章を打ち込むと、次のように画面左側に目次が表示されます。たとえば目次の「1.2. R: Mac OS」をクリックすると、右側には本文が表示されます。

図 5.5　章立てと本文

5.2 脚注の挿入方法とボールドの指定方法

本書の書き出しは次のように始まります。

> **はじめに**
> データサイエンスの分野でAIやビッグデータなどが注目される中、RやRStudioを使ったデータの解析書が数多く出版されている[1]。また、RStudio上でデータ

図 5.6 脚注（本文）

ここで2行目の中ほどにある「……出版されている」の後ろに「1」という数字が付いています。これが「脚注」と呼ばれるものです。脚注には各ページの下部に付加される footnote と、章や本の終わりに付加される endnote の2種類があります。RStudio では本文の終わりに付される endnote を使うことができます。本文の最後を確認すると、次のように脚注が付いています。

> 1. **R**はコマンドを入力して実行するフリーの統計ソフトウェアである。Rをより機能的・効果的に作動させるために様々な統合開発環境 (IDE: Integrated development environment)が日々開発されているが、**RStudio**はその中でも最も人気があるオープンソース・ソフトウェアであり、GitHub上で日々絶え間なく開発され続けている。**Rマークダウン**はRStudioを使って得られた分析結果を出力するツールである。目的に応じてhtmlやpdf、word形式にも出力できる（実は、この本の原稿もRマークダウンを使って書いている）。
> 2. 著者(浅野)が担当している授業は次のとおりである。「計量政治学」（早稲田大学政治経済学部）、「政治分析A」（早稲田大学社会科学部）、「社会調査法」（早稲田大学大学院アジア太平洋研究科）、「統計入門」（拓殖大学政経学部）、「実

図 5.7 脚注（文末）

ここで「1. Rはコマンドを入力して……書いている）。」という7行が挿入されたのが脚注です。脚注は、次の2つの記号を使って挿入します。

```
[^1]      脚注を入れたい本文の場所に置く
[^1]:     脚注の内容をコロンの後ろに書く
```

図 5.8　脚注で使う記号

そして、画面左側のエディタタブには次のように入力します。

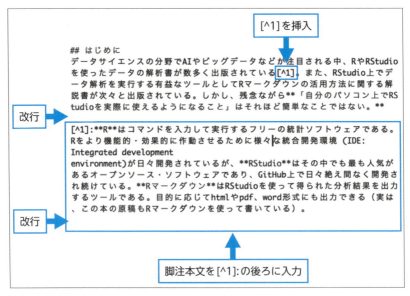

図 5.9　脚注の挿入

その際に注意すべきことは、**点線で囲んだ脚注の内容は2つの「改行」で囲み、脚注本文の中では改行しない**ことです。上の事例では「development」と「environment」の間が改行されているように見えますが、2つの英単語の間には半角スペースが入っているだけで、改行されているわけではありません。2つ目

の脚注を挿入したい場合はカッコの中の数字を「2」に変更します。このようにして必要な数だけ脚注を挿入することができます。

　また、半角のアスタリスクを使って、文字や文章をボールドに指定することもできます。文字や文章の前に 2 つ、後ろに 2 つのアスタリスクを使って囲むと、囲まれた文字や文章をボールドに指定できます。たとえば、R という文字の前と後ろに 2 つずつのアスタリスク「**」を使って「**R**」と記述すると、「**R**」という具合にボールドで表示されます。

5.3　画像の挿入

　R マークダウン本文中に、外部から画像を取り込むには次のプロセスで行います。

画像の挿入

(1) 取り込みたい画像を用意します（保存形式は JPG、PNG、PDF、GIF など）。

(2) 画像に英字や数字を使って名前を付けて保存し、プロジェクト・フォルダに保存します（**日本語のファイル名を付けないようにしましょう**）。

(3) 次のコマンドを Rmd ファイルに入力します。

```
<div style="text-align: center;">
<img src="画像の名前（英字）"
width="適切な数値" height="適切な数値"
</div>
</div>
```

img src = "" には画像の名前を英字で入力します。width = "" と height = "" には同じ数字（ここでは、とりあえず100）を入力します。

たとえば、次のようにRのアイコン画像を文書中に取り込みたいとします。

> ⑪インストール完了の確認。
> デスクトップに下記のようなアイコンが二つ表示されていたら、Rのインストールは成功。
> 通常、Rを使う際には64bit版のRx64 3.5.0のアイコンをダブルクリックする[5]。

図 5.10　本文に画像を挿入する

そのためのプロセスは次のとおりとなります。

▌画像の挿入

(1) 本文に取り込みたいRのアイコン画像をスクリーンショットで撮影します。

(2) 取り込みたい画像に「R111.png」という名前を付けてプロジェクト・フォルダに保存します。

(3) 次のコマンドを入力します。

```
<div style="text-align: center;">
<img src="R111.png"
width="100" height="100"
</div>
</div>
```

knit すると、右側のビューア画面に出力されるはずです。width と height の数値は、表示画面を見て最適な値に調整する必要があります。ただし、width と height の割合を保たないと、画像が歪んでしまうので注意が必要です。

5.4　文字のイタリック指定

ゼミ論文、修士論文、博士論文、学術論文などを書くときは、文末に参考文献の一覧を掲示することが求められます。その際、論文が掲載された学術誌（ジャーナル）はイタリック体にするのが通例です。たとえば、次の論文のジャーナル名『Politics and the Life Sciences』だけをイタリック体に変更するとします。

Masahiko Asano and Dennis Patterson. "Smiles, Turnout, Candidates, and the Winning of District Seats: Evidence from the 2015 Local Elections in Japan." Politics and the Life Sciences, Vol. 37 (1), pp.16-31 (April, 2018).

半角のアスタリスク1つ「*」を使って、該当部分「Politics and the Life Sciences」を囲みます。

Masahiko Asano and Dennis Patterson. "Smiles, Turnout, Candidates, and the Winning of District Seats: Evidence from the 2015 Local Elections in Japan." *Politics and the Life Sciences*, Vol. 37 (1), pp.16-31 (April, 2018).

knit すると、次のようにジャーナル名だけがイタリック体で表示されます。

> Masahiko Asano and Dennis Patterson. "Smiles, Turnout, Candidates, and the Winning of District Seats: Evidence from the 2015 Local Elections in Japan." *Politics and the Life Sciences,* Vol. 37 (1), pp.16-31 (April, 2018).

図 5.11　文字をイタリック体にする

補 論

CSVファイルへの変換方法

- ▶ .xlsxファイルと.csvファイルの違い
- ▶ .xlsxファイルから.csvファイルへの変換：Windows 10
- ▶ .xlsxファイルから.csvファイルへの変換：Mac OS

補論　CSVファイルへの変換方法

本補論では「.xlsx ファイル」を「.csv ファイル」に変換する方法を説明します。

.xlsx ファイル形式で配布したデータ（たとえば、ファイル名「hr96-17.xlsx」のデータ）を「CSV に変換してみてください」と言うと、「hr96-17.csv.xlsx」のように、ファイル名に「.csv」と追記すれば CSV ファイルになると考えている学生が少なくありません。

本来、本書は R および RStudio に関する説明を行うのが目的なので、このような内容は不必要に思われるかもしれませんが、一定数の学生がこの CSV への変換でつまづき、R による実証分析にたどり着けないので、.csv ファイルへの変換について必要最低限の説明を本章で行います。したがって、.xlsx ファイルから .csv ファイルへの変換がすでに理解できているという読者は、本補論は読み飛ばしてもらってもかまいません。

.xlsxファイルと.csvファイルの違い

CSV は、「Comma Separated Value」と呼ばれるカンマ区切りのテキストファイルです。.xlsx ファイルと .csv ファイルはどちらも Microsoft Excel で開くことができるので、同じものではないかと思う読者もいるかもしれません。しかし、.xlsx ファイルはセルに色をつけたり、複数のシートを利用したりすることができますが、.csv ファイルではできません。また、.csv ファイルは Microsoft Excel だけでなく、メモアプリなどでも開くことができますが、.xlsx ファイルは基本的には Microsoft Excel とそれに類するアプリケーションでしか開くことができません。

.xlsxファイルから.csvファイルへの変換：Windows 10

　以下では、Windows 10 を使用している場合の .xlsx ファイルから .csv ファイルへの変換方法について説明します。

.xlsx ファイルから .csv ファイルへの変換

(1) income.xlsx を開きます。

(2) 画面左上の「ファイル」をクリックします。

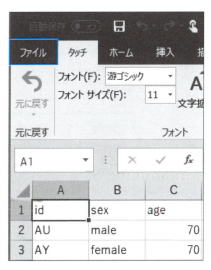

図 1　income.xlsx を開く（Windows）

(3) 上から5番目の「名前を付けて保存」をクリックします。

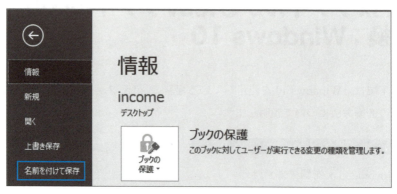

図2　上から5番目の「名前を付けて保存」をクリック

(4) 次の画面が表示されたら、「Excelブック（*.xlsx）」と表示されているボックスの下向きの三角をクリックします。

図3　「Excelブック（*.xlsx）」と表示されているボックスの下向きの三角をクリック

.xlsx ファイルから .csv ファイルへの変換：Windows 10

(5) ファイル形式を選択できるので、「csv（コンマ区切り）(.csv)」を選択します。

図 4　ファイル形式の選択

(6) 「名前を付けて保存」の画面に戻ったら、「保存」をクリックします。

図 5　「名前を付けて保存」の画面

179

.xlsxファイルから.csvファイルへの変換：Mac OS

　以下では、Mac OSを使用している場合の.xlsxファイルから.csvファイルへの変換方法について説明します。

.xlsxファイルから.csvファイルへの変換

(1) income.xlsxを開きます。

(2) 画面左上の「ファイル」をクリックします。

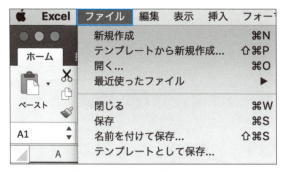

図6　income.xlsxを開く（Mac）

(3)「名前を付けて保存」をクリックします。

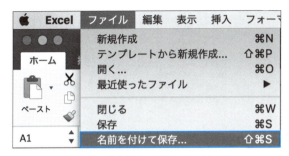

図7　「名前を付けて保存」をクリック

(4) 次の画面が表示されたら、「ファイル形式」の青い部分（実物は青くなっています）をクリックします。

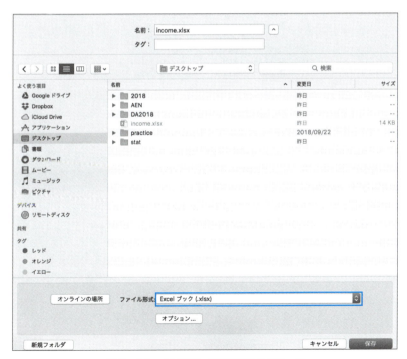

図8　「ファイル形式」の青い部分をクリック

補論　CSVファイルへの変換方法

(5) ファイル形式を選択できるので、「csv（コンマ区切り）(.csv)」を選択します。

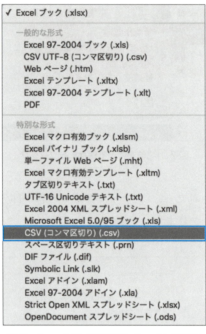

図9　「csv（コンマ区切り）(.csv)」を選択

(6) 元の保存画面に戻ったら、「保存」をクリックします。

図 10　「保存」をクリック

(7)「CSV（カンマ区切り）(.csv)」として保存する場合、ブックの一部の機能が失われる可能性があります。この形式でブックを保存しますか？」と表示されたら、「はい (Y)」をクリックします。

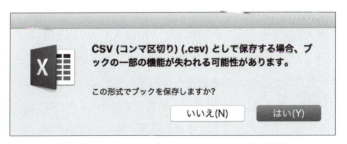

図 11　「この形式でブックを保存しますか？」画面

あとがき

　本書は、RStudio の設定に費やす時間を最小限に抑え、いわゆる「文系」の学生が快適に R マークダウンを使い始めるまでの最短の方法を提供する、いわば RStudio 上で R マークダウンを使えるようになるまでの手引き書です。本書を最後までお読みいただいた読者のみなさんは、計量分析を行うという観点から見ると、ようやく「出発点にたどり着いた」わけです。今後、具体的にどのようなテキストを使って計量分析のスキルを磨けばいいのかということに関しては、読者のみなさんの関心次第ということになります。近年、R や RStudio 関連の書物が数多く世に出ていますが、特に政治学・経済学などの社会科学の観点から、2018 年の時点で出版（あるいは出版予定）されている R と RStudio を使った実証分析、計量分析の参考書を紹介します。

- 今井耕介『社会科学のためのデータ分析入門（上・下）』（2018 年）岩波書店。ハーバード大学やプリンストン大学をはじめとする、世界中の政治学部で使われている実証政治学のスタンダードな教科書。中・上級者向け
- 星野匡生・田中久稔『R による実証分析』（2016 年）オーム社。経済学者による R を使った実証分析の解説書。中・上級者向け
- 高橋康介『再現可能性のすゝめ ─ RStudio によるデータ解析とレポート作成』（2018 年）共立出版。R と RStudio を使って再現可能性を担保することを目的としてレポート作成するためのアウトプット（出力）方法に重点を置いた参考書

　本書は、多くの方々のご協力の賜物です。本書の作成にあたり、株式会社オーム社のみなさまには企画から完成に至るまで多くのご協力をいただきました。早稲田大学社会科学総合学術院准教授の遠藤晶久先生には、著者（浅野）と同内容の授業（「政治分析 A・B」）を担当する教員の立場から、学生が直面するエラーの様子をシェアしていただくなど、本書の執筆にあたっての示唆を多く頂戴しました。早稲田大学政治経済学術院准教授の高橋百合子先生、高知工科大学経済・マネジメント学群講師の矢内勇生先生、そして JICA 専門家の市原純氏には、本

書作成の最終段階で大変有益なコメントをいただきました。早稲田大学大学院政治学研究科修士課程の遠藤勇哉氏からは、初期の段階から本書の草稿に関して有益なコメントをいただきました。

また、拓殖大学浅野ゼミ、横浜市立大学和田ゼミの学生のみなさん、そして、早稲田大学「計量政治学」「政治分析A」「社会調査法」の受講生のみなさんに心から御礼を申し上げます。みなさんから寄せられた多種多様な「エラーメッセージ」との格闘がなければ、本書は生まれなかったはずです。

著者（中村）の指導教員として、学部1年次から、博士前期課程・博士後期課程に至るまで一貫してお世話になっている、横浜市立大学大学院国際マネジメント研究科教授の和田淳一郎先生、また、Rの手ほどきをしてくださり、その面白さを教えてくださった坂口利裕先生、そして、統計学・計量分析の醍醐味を教えてくださった白石小百合先生にも御礼申し上げます。先生方に出会っていなければ、本書を執筆する機会を得ることはなかったでしょう。また、常に著者（中村）を支えてくれた両親と明星瑞貴さんに心からの感謝の意を表します。

最後に、本書が実証分析に興味を持つ初学者のみなさんにとって、「Rのセットアップが面倒だから」といって諦めることなく、実証分析の面白さ、奥深さに関心を持ってもらうための一助となれば幸いです。

2018年10月

浅野正彦・中村公亮

参考文献・URL

- 浅野正彦、矢内勇生（2013）『Stataによる計量政治学』オーム社
- 浅野正彦、矢内勇生（2018）『Rによる計量政治学』オーム社
- 伊藤公一朗（2017）『データ分析の力 因果関係に迫る思考法』光文社新書
- 久米郁男（2013）『原因を推論する 政治分析方法論のすゝめ』有斐閣
- 高根正昭（1979）『創造の方法学』講談社現代新書
- 中室牧子、津川友介（2017）『「原因と結果」の経済学 データから真実を見抜く思考法』ダイヤモンド社
- Numberphile (2014) "Monty Hall Problem" Avairable at: https://www.youtube.com/watch?v=4Lb-6rxZxx0（2020年3月17日最終閲覧）
- 矢内勇生（2018）『Rマークダウンの使い方と2変数の記述統計』Avairable at: http://yukiyanai.github.io/jp/classes/stat2/contents/R/r-markdown.html（2020年3月17日最終閲覧）

索引

記号・数字

#	96
*	173
**	171
.csv ファイル	176
.Rmd	68
.xlsx ファイル	176
[^ 数字]	170
[^ 数字]:	170
```{r} ~ ```	59
{r, results = "asis"}	103
32-bit Files	8
64-bit Files	8

A

ALL_APPLICATION_PACKAGES	43
arrange 関数	143

B

base	5
bin	106
Birthday Paradox	158

C

Console タブ	70
coord_flip( ) 関数	111
CRAN	4, 12
CSV ファイル	84, 88, 91, 176
CSV ファイルのダウンロード（Windows 10）	88, 91

D

Data Manipulation	131
data( ) 関数	121
dplyr	70, 78, 108

F

filter( ) 関数	125, 127, 132, 134, 136

G

gapminder	120
geom_violin( ) 関数	112
getwd( )	36, 54, 86
ggplot2	70, 72, 107, 133, 140
glimpse( ) 関数	120

H

head( ) 関数	120
hr96-17.csv	131, 137

I

income.csv	88, 91
Insert	58, 60, 74, 93, 102
install.packages	71, 78, 93, 99

K

Keyboard Shortcuts	60, 62, 64
Knit	62, 65, 94, 102

L

library	75, 101

M

Mac OS X 10.6（Snow Leopard）	14
Mac OS X 10.8（Mountain Lion）	14
Mac OS X 10.9（Mavericks）以降	13
Mac OS X 10.11（El Capitan）	13
makn_r.zip	131, 138
Microsoft Excel	176
Modify Keyboard Shortcuts	60, 62
mutate( ) 関数	149

N

New R Markdown（Mac OS）	56
New R Markdown（Windows 10）	47

P

pbirthday( ) 関数	157
Preview in Viewer Pane	166

Preview in Viewer Pane (Mac OS) 57
Preview in Viewer Pane (Windows 10) 49

Q

qbirthday( ) 関数 158

R

R for Mac 12
R for Windows 4
R Markdown (Mac OS) 55
R Markdown (Windows 10) 37
R-3.2.1-snowleopard.pkg 14
R-3.3.3.pkg 14
R-3.5.0.pkg 14
R-3.5.0-win.exe 6
RStudio for Mac 26
RStudio for Windows 20
RStudio-1.1.456.dmg 28
RStudio-1.1.456.exe 22
R のアイコン (R for Mac) 19
R のアイコン (R for Windows) 8
R プロジェクトの終了 68
R プロジェクトの保存 68
R マークダウン (Mac OS) 50
R マークダウン (Windows 10) 31
R マークダウンのインストール (Mac OS) 55
R マークダウンのインストール (Windows 10)
....37
R マークダウンの設定 (Mac OS) 56
R マークダウンの設定 (Windows 10) 47

S

scale 109
scale_color_grey( ) 関数 119
select( ) 関数 127
set.seed 153
Source タブ 70
stargazer 98, 149
stat_smooth 114, 115

T

table( ) 関数 123
tail( ) 関数 121
theme_classic 107

W

working directory 35, 54, 86

あ

アウトプット 47, 49
アクセス許可 45

い

イタリック 173
インストール (R for Mac) 12
インストール (R for Windows) 4
インストール (stargazer) 99
インストール (パッケージ) 70, 71
インストール先の指定 (R for Windows) 7
インストール先の選択 (R for Mac) 17
インストール先の選択 (RStudio for Mac) 23

え

エディタタブ 165
エラー (R マークダウンのインストール) 38, 45
エラー (stargazer のインストール) 101
エラー (パッケージのインストール) 73
エラー (パッケージのロード) 76, 77, 78

お

応答変数 148
折れ線グラフ 120, 130

か

回帰直線 118
可視化 105
画像 171

き

記述統計 98, 104, 148
起動時オプション (R for Windows) 8
脚注 169

け

言語の選択 6

こ

コメント 95
コンポーネントの選択 (R for Windows) 8

索引

さ
再現可能性 30
散布図 113

し
実験ノート 164
シミュレーション 153
重回帰分析 147
出力 65
章 165
使用許諾契約 16
ショートカット設定（Insert） 60
ショートカット設定（Knit） 62

せ
説明変数 148

た
ダウンロード（R for Mac） 12
ダウンロード（R for Windows） 4
ダウンロード（RStudio for Mac） 26
ダウンロード（RStudio for Windows） 20
単回帰分析 147

ち
チャンク 58, 102

つ
追加タスクの選択（R for Windows） 9

と
統計的有意水準 150

に
日本語フォント 107

は
箱ひげ図 110

パスワード 18
パッケージ 38, 46, 70, 71, 76

ひ
ヒストグラム 105
ビューアタブ 165

ふ
プログラムグループの指定（R for Windows） 9
プロジェクトの作成（Mac OS） 50
プロジェクトの作成（Windows 10） 31
プロジェクト・フォルダ 32, 35, 50, 54, 86

へ
変換 177, 180

ほ
保存 65
ボールド 171

み
幹葉図 108
見出し 168
ミラーサイト（R for Mac） 12
ミラーサイト（R for Windows） 4

め
メタ情報 167

も
モンティ・ホール問題 151

ゆ
ユーザ名 18

ろ
ロード（stargazer） 101
ロード（パッケージ） 70, 74

〈著者略歴〉

浅野 正彦（あさの　まさひこ）

宮城県出身。Ph.D.（政治学）。関心領域は、比較政治学、政治学方法論。

1989 年	早稲田大学大学院政治学研究科修士課程 修了
2000 年	カリフォルニア大学ロサンゼルス校 大学院政治学部 博士課程 修了
2004 年	政治学博士（Ph.D. in Political Science, UCLA）
2004 ～ 2006 年	東京大学社会科学研究所助手
2006 年～	拓殖大学政経学部教授

<主な著書>
『現代日本社会の権力構造』（編著、北大路書房、2018）
『Stata による計量政治学』（共著、オーム社、2013）
『市民社会における制度改革：選挙制度と候補者リクルート』（単著、慶應義塾大学出版会、2006）

中村 公亮（なかむら　こうすけ）

青森県八戸市出身。修士（経済学）。関心領域は、選挙研究。

2015 年	横浜市立大学国際総合科学部国際総合科学科経営科学系政策経営コース卒業
2016 年	横浜市立大学大学院国際マネジメント研究科国際マネジメント専攻博士前期課程 修了
2016 年～	横浜市立大学大学院国際マネジメント研究科国際マネジメント専攻博士後期課程

<主な業績>
2016 年度　公共選択学会若手研究者優秀報告賞（川野辺賞）奨励賞受賞
2015 年度　公共選択学会若手研究者優秀報告賞（川野辺賞）奨励賞受賞

- 本書の内容に関する質問は、オーム社ホームページの「サポート」から、「お問合せ」の「書籍に関するお問合せ」をご参照いただくか、または書状にてオーム社編集局宛にお願いします。お受けできる質問は本書で紹介した内容に限らせていただきます。なお、電話での質問にはお答えできませんので、あらかじめご了承ください。
- 万一、落丁・乱丁の場合は、送料当社負担でお取替えいたします。当社販売課宛にお送りください。
- 本書の一部の複写複製を希望される場合は、本書扉裏を参照してください。

JCOPY <出版者著作権管理機構 委託出版物>

はじめての RStudio ―エラーメッセージなんかこわくない―

2018 年 11 月 1 日　第 1 版第 1 刷発行
2020 年 11 月 10 日　第 1 版第 4 刷発行

著　者　浅野正彦・中村公亮
発行者　村上和夫
発行所　株式会社 オーム社
　　　　郵便番号　101-8460
　　　　東京都千代田区神田錦町 3-1
　　　　電話　03(3233)0641(代表)
　　　　URL　https://www.ohmsha.co.jp/

© 浅野正彦・中村公亮 2018

組版　トップスタジオ　印刷・製本　壮光舎印刷
ISBN978-4-274-22293-1　Printed in Japan

関連書籍のご案内

Rで統計学を学ぼう！

Rによる実証分析
――回帰分析から因果分析へ――

回帰分析の「正しい」使い方をRで徹底解説！

【このような方におすすめ】
・統計分析に携わるビジネスパーソンやコンサルタント、学生

● 星野 匡郎・田中 久稔　共著
● A5判・276頁
● 定価(本体2,700円【税別】)

Rによるデータマイニング入門

【このような方におすすめ】
・Rでデータマイニングを実行してみたい方
・データ分析部門の企業内テキストとしてお探しの方

● 山本 義郎・藤野 友和・久保田 貴文　共著
● A5判・244頁
● 定価(本体2,900円【税別】)

現実のデータマイニング事例をRで分析！

マーケティング分野の統計学の活用法を学ぶ！

Rで学ぶ統計データ分析

【このような方におすすめ】
・統計学を学ぶ文系の学生
・統計分析にRを使いたい方

● 本橋 永至　著
● A5判・272頁
● 定価(本体2,600円【税別】)

もっと詳しい情報をお届けできます．
◎書店に商品がない場合または直接ご注文の場合も右記宛にご連絡ください．

ホームページ　https://www.ohmsha.co.jp/
TEL／FAX　TEL.03-3233-0643　FAX.03-3233-3440

(定価は変更される場合があります)

F-1701-214